Angela F. Sota Cano

Marcadores moleculares ISSR en el analisis genetico de cultivos

Angela F. Sota Cano

Marcadores moleculares ISSR en el analisis genetico de cultivos

Caso práctico: especie nativa Tarwi (Lupinus mutabilis Sweet.)

Editorial Académica Española

Imprint
Any brand names and product names mentioned in this book are subject to trademark, brand or patent protection and are trademarks or registered trademarks of their respective holders. The use of brand names, product names, common names, trade names, product descriptions etc. even without a particular marking in this work is in no way to be construed to mean that such names may be regarded as unrestricted in respect of trademark and brand protection legislation and could thus be used by anyone.

Cover image: www.ingimage.com

Publisher:
Editorial Académica Española
is a trademark of
Dodo Books Indian Ocean Ltd. and OmniScriptum S.R.L publishing group

120 High Road, East Finchley, London, N2 9ED, United Kingdom
Str. Armeneasca 28/1, office 1, Chisinau MD-2012, Republic of Moldova, Europe
Printed at: see last page
ISBN: 978-620-2-10608-5

Agradecimientos

Esta investigación fue financiada gracias a la Organización Internacional de Energía Atómica (OIEA) mediante el proyecto: "Use of mutation induction and Biotechnology (in vitro culture and markers techniques), to obtain improved Chenopodium sp. And Lupinus mutabilis cultivars" Muchas gracias a esta institución así como al Programa de Cereales y Granos Nativos de la UNALM.

Debo agradecer a la Universidad Andina del Cusco por su apoyo incondicional en la redacción y publicación de este manuscrito así como a las facilidades que nos brinda a los docentes en términos de desarrollo de investigación.

Angela Fiorella Sota Cano

ÍNDICE

Lista de Anexos

I. RESUMEN

Con el fin de analizar la variabilidad genética intra accesión y las probables fuentes de flujo genético asi como, poner a disposición de los fitomejoradores información importante para la utilización de este material en programas de mejoramiento se procedió a caracterizar siete accesiones de *Lupinus mutabilis* Sweet. provenientes del banco de germoplasma del INIA utilizando marcadores moleculares de Inter-Repeticiones de Secuencia Simple (ISSR). Diez iniciadores fueron seleccionados para amplificar el ADN de los 91 individuos en estudio (13 individuos por accesión) detectándose un total de 247 loci. Estos iniciadores fueron altamente informativos con un contenido de información polimórfica (PIC) promedio de 0.33. Según las accesionesy marcadores evaluados, la diversidad genética intra accesión de este cultivo fue considerable presentando mayor diversidad genética la accesión Ta33 (Hs= 0.1936 y PPB= 53.85%). Igualmente, la diversidad genética de la población total (91 individuos) fue considerable (PPB= 69.23% y Ht= 0.2070) y se distribuyó en mayor medida entre las accesiones (Gst= 0.2550) que dentro de ellas (Hs= 0.15420). El factor Gst sugirió que esta especie no se comporta como autógama. Además, se consideró como principal factor de flujo genético *in situ*, entre estas accesiones, al intercambio o venta de semillasen ferias o mercados aledaños a la zona de colecta debido a lo agreste de estas zonas, la predomínate polinización autógama de *L. mutabilis* y la agrupación de las accesiones en el fenograma basado tanto en el análisis de similitud como en el de distancias genéticas de Nei (1987). Mientras que, a la alta probabilidad del incremento de alogamia durantela regeneración del cultivo uno de los principales factores de flujo genético durante este periodo. Para la población analizada, el flujo genético fue de Nm= 1.46.

II. INTRODUCCIÓN

El Perú es un país megadiverso que cuenta con importantes recursos genéticos animales y vegetales. Las especies nativas constituyen un alto potencial para la alimentación, salud y desarrollo del país. Sin embargo, muchas de ellas dejaron de ser utilizadas masivamente desde la época colonial y hoy son escasamente conocidas. Un ejemplo de ello es el tarwi (*Lupinus mutabilis* Sweet.), leguminosa anual que hoy en día empieza a recobrar importancia a nivel mundial debido a su alta capacidad para restituir la fertilidad del suelo (Jacobsen *et al.*, 2006) y sobre todo, a su elevado valor nutritivo, rico en proteínas (40%) y aceites (20%) presentes en sus semillas (Schoeneberg *et al.*, 1981). Además, posee un elevado grado de digestibilidad (95%) por lo que se le considera un alimento importante para la dieta humana (Jacobsen *et al.*, 2011). Sin embargo, pese a sus extraordinarias características el cultivo de tarwi se ve limitado a ciertas zonas de la región Andina (Jacobsen *et al.*, 2011). Según Eastwood y Hughes (2008), esto se debería a su bajo rendimiento (que estaría influenciado por el medio ambiente) y a su indeterminado tiempo de crecimiento y maduración de la vaina. Así como a la falta de difusión de sus formas de uso y su alto contenido de alcaloides quinolizidínicos entre los que destacan la esparteína, lupinina y lupanidina (Ciancio y Mukerji, 2008).

Debido a las características negativas antes mencionadas, se han desarrollado programas de fitomejoramiento, dentro y fuera del país, que hacen uso de la gran variabilidad genética de esta especie para seleccionar y desarrollar nuevas variedades que cuenten con mejores características agronómicas y nutricionales (Jimenez, 2006). Según Rafael (2008), esta gran variabilidad requerida por los fitomejoradores se encuentra colectada en los bancos de germoplasma. No obstante, el conocimiento de la estructura genética y la relación existente entre el material disponible es escaso, lo que impide su utilización en el mejoramiento (Becerra y Paredes., 2000). Esto sumado a la premisa de que la supervivencia a largo plazo de una especie depende de la suficiente cantidad de diversidad genética que presente para responder a nuevas presiones de selección generadas por cambios ambientales (Ge y Sun, 1999; Hatcher *et al.*, 2004) hace importante la caracterización del germoplasma.

Según Crop Genebank (2012), el germoplasma almacenado debe ser regenerado, cada cierto tiempo, para garantizar su viabilidad y mantener la integridad genética de las colecciones. En el caso de las accesiones de *L. mutabilis* provenientes del banco de germoplasma del INIA, estas son regeneradas según protocolos ya establecidos y muy difundidos en diferentes instituciones (e.g. CIMMYT, CIAT) bajo la premisa de que esta especie es autógama. Sin embargo, observaciones morfológicas directas (color de semilla) realizadas por el Programa de Cereales y Granos Nativos durante este periodo hacen presumir la cruza de algunas de estas accesiones.

Para el análisis de la diversidad genética se hace uso, comúnmente, del sistema de marcadores de ADN basados en PCR (Polymerase Chain Reaction) entre los que destacan: los RAPD (Random Amplification of Polymorphic DNA), AFLP (Amplified Fragment Length Polimorphism) y SSR (Simple Sequence Repeat) (Gupta y Varshney, 2000). Las principales limitaciones de estos métodos son la baja reproducibilidad en el caso de RAPD, el alto costo (AFLP) y la necesidad de conocer las secuencias flanqueantes para desarrollar iniciadores específicos (SSR) (Pradeep *et al.*, 2002). Según Barth *et al.* (2002), la técnica de marcadores moleculares de ISSR (Inter-Simple Sequence Repeat) o Inter-Repeticiones de Secuencia Simple (Zietkiewicz *et al.*, 1994), supera la mayoría de estas limitaciones y ha sido ampliamente utilizada en diversos cultivos sin el conocimiento previo de las secuencias genómicas (Gupta *et al.* 1994) que para la mayoría de cultivos andinos, como el tarwi, aún no están disponibles.

Con el fin de analizar la variabilidad genética intra accesión y las probables fuentes de flujo genético asi como, poner a disposición de los fitomejoradores información importante como iniciadores altamente informativos para este cultivo, accesiones con mayor variabilidad genética, etc. Se propone la caracterización intragenotípica de 7 accesiones de tarwi (*Lupinus mutabilis* sweet.) utilizando marcadores moleculares ISSR.

III. OBJETIVOS

Objetivo General:

- Realizar la caracterización intragenotípica de siete accesiones de Tarwi *(Lupinus mutabilis* Sweet.) pertenecientes al Banco de Germoplasma del INIA, utilizando marcadores ISSR.

Objetivos Específicos:

- Identificar los marcadores moleculares ISSR que presentan mayor polimorfismo, a nivel intra específico en 7 accesiones de tarwi.
- Identificar los genotipos de tarwi con mayor polimorfismo.

IV.- REVISIÓN DE LITERATURA

4.1. EL TARWI (*Lupinus mutabilis* Sweet.)

4.1.1. ORIGEN, DOMESTICACIÓN Y DISTRIBUCIÓN

El género *Lupinus* comprende alrededor de 280 especies anuales y perennes (Eastwood *et al.*, 2008) que se encuentran distribuidas en Europa (12 especies) y América (Camilo *et al.*, 2006), y se diferencian morfológica y citológicamente (Cuadro 1). En América, se presentan dos centros de biodiversidad: el primero se encuentra al oeste de Norte América y comprende 100 especies. Mientras que el segundo centro de biodiversidad se encuentra en los Andes y comprende 85 especies (Eastwood *et al.*, 2008). De todas las especies pertenecientes al género *Lupinus*, solo cuatro tienen importancia agronómica: *L. Albus*, *L. angustifolius*, *L. luteus* y *L. mutabilis* (Yorgancilar*et al.*, 2009).

Estudios bioquímicos y moleculares señalan el origen monofilético del género *Lupinus* y como probable centro de origen Europa. Según Camilo *et al.* (2006), las antiguas especies de este género se distribuyeron progresivamente por el este de América del Sur, norte de África, el Mediterráneo y finalmente América del Norte y el oeste de América del Sur.

Las especies que hoy en día se distribuyen en América (con exclusión de las especies unifolioladas de Florida) se agrupan en dos clados: El del este de América del sur (2n= 36) y el del oeste de América del Sur (2n= 48) Figura 1 (Eastwood *et al.*, 2008). Según Camilo *et al.* (2006), la agrupación de estas especies según su número cromosómico sugiere diferencias genéticas profundas entre los clados.

Cuadro 1: Diferencias morfológicas y citogenéticas de *Lupinus* de Europa (Eastwood *et al.*, 2008) y *Lupinus* de América (Camilo *et al.*, 2006).

Características	*Lupinus* de Europa	*Lupinus* de América
Número cromosómico	Varía entre 2n= 32-52	2n= 36 ó 2n= 48 con algunas Excepciones
Hábito de crecimiento	Plantas perennes	Plantas anuales o perennes
Tipo de hoja	Digitadas	Digitadas y/o unifolioladas

Con respecto a la evolución de las hojas, análisis filogenéticos recientes de especies unifolioladas de América del Sur y Florida muestran claramente que las hojas digitadas son la condición ancestral y que las hojas unifolioladas han evolucionado dos veces de forma independiente dentro del género (Figura 1). Esta evolución estaría direccionada a la reducción de partes de la hoja que culminaría con hojas unifolioladas sésiles como es el caso de *L. parvifolius* (Eastwood *et al.*, 2008).

El único miembro del género *Lupinus* domesticado y cultivado en América es *L. mutabilis* Sweet. (Jacobsen *et al.*, 2011). El tarwi es originario de la zona Andina de Ecuador, Perú y Bolivia (Yorgancilar, 2009 y Jacobsen *et al.*, 2006) y está filogenéticamente relacionado con especies del oeste de América del Norte y América del Sur (Clements *et al.*, 2008).

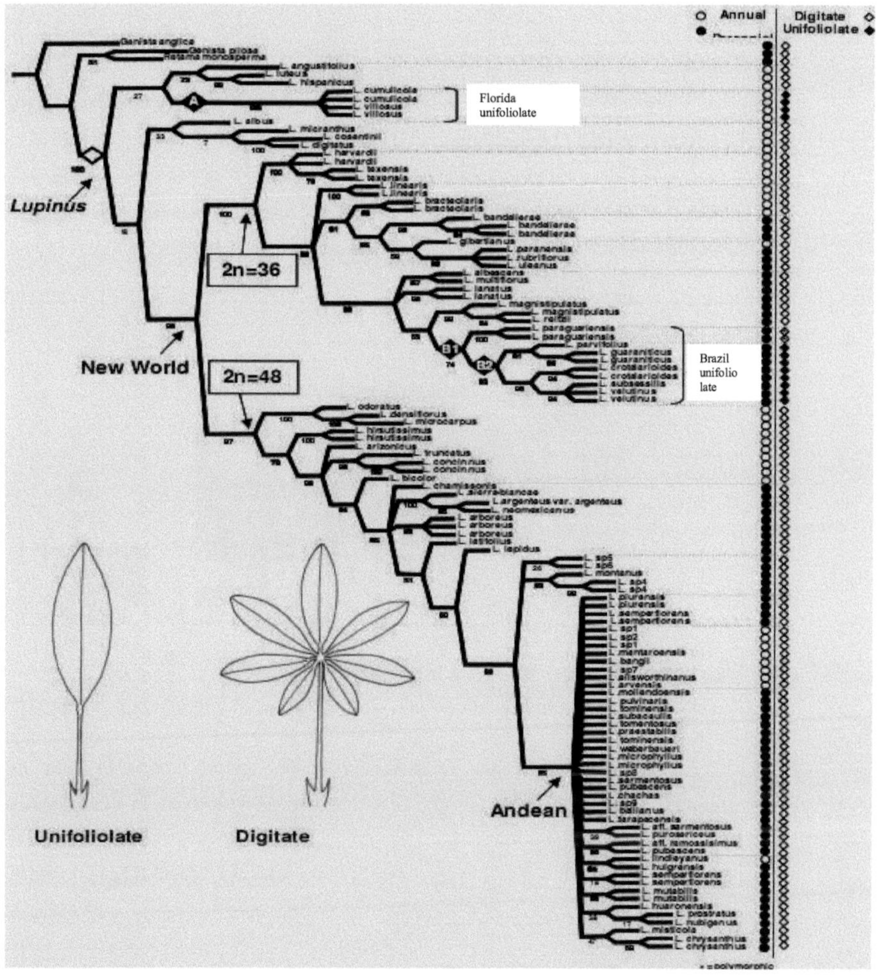

Figura 1: Evolución de las hojas y del hábito de crecimiento de *Lupinus*. Los nodos A y B representan transiciones independientes de plantas digitadas a unifolioladas en América del Norte y Sur (Eastwood *et al.*, 2008).

La domesticación de este cultivo se puede evidenciar en algunas de sus características morfológicas: granos de gran tamaño (Figura 2), cáscara blanda y vainas indehiscentes. Según Eastwood y Hughes (2008), el origen de domesticación de *L. mutabilis* se encontraría al Norte del Perú, teniendo como posible progenitor a *L.piurensis*. Además, se sugiere su domesticación pre-Inca debido a que se han

7

encontrado restos de semillas de tarwi en las tumbas de Nazca (100 a 500 años AC) y algunas representaciones de esta leguminosa en cerámicos de la cultura Tiahuanaco (500 a 1000 años DC) (Tapia, 2000).

Figura 2: Peso de 32 especies de *Lupinus* Andinos y el dramático incremento de tamaño de *L. mutabilis* en comparación con sus posibles progenitores (Eastwood y Hughes, 2008).

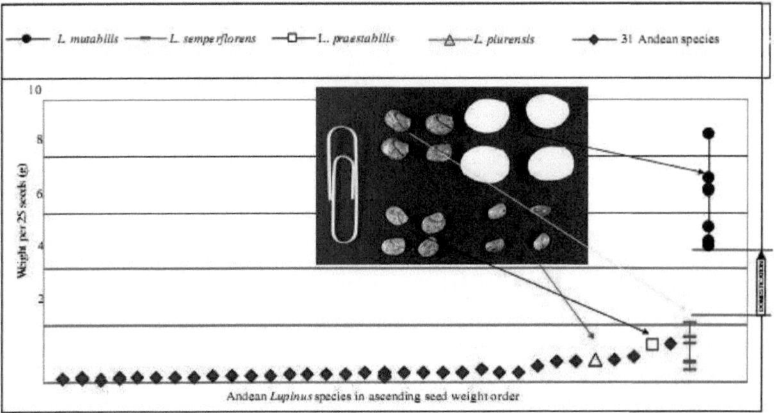

Lupinus mutabilis Sweet. se distribuye desde Colombia hasta el norte de Argentina, aunque en la actualidad sólo es de importancia agrícola en Ecuador, Perú y Bolivia (Jacobsen *et al.*, 2002). En el Perú, el cultivo de esta leguminosa se da principalmente en torno del lago Titicaca, y en áreas pequeñas de Cajamarca y Cusco (Bioversity, 2010 y Jacobsen *et al.*, 2011).

4.1.2. DESCRIPCIÓN BOTÁNICA

El tarwi (*Lupinus mutabilis* Sweet.) se caracteriza por ser una planta anual de 0.5 a 2 metros de altura (Castañeda, 1988), como la mayoría de las especies de la subfamilia Papilionoideae (Nadal, 2004) presenta inflorescencias de tipo racimos terminales (Castañeda, 1988). Estas inflorescencias agrupan en verticilos flores bisexuales papilionadas con prefloración vexilar (Nadal, 2004) cuya corola está formada por un estandarte, dos quillas y dos alas (FAO, 2010) Figura 3. Los colores predominantes de corola en nuestro país son las corolas violáceas y en algunas localidades las blancas

(Castañeda, 1988). En cuanto al androceo, este está compuesto por 10 estambres dorsifijos y 5 basifijos (FAO, 2010).

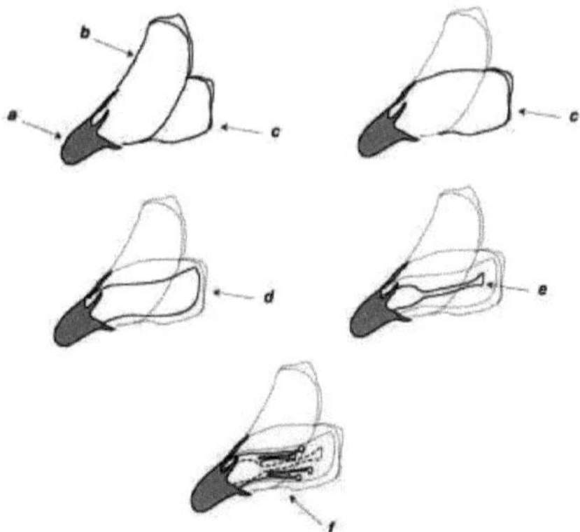

Figura 3. Esquema de flor papilionoideae, a) cáliz, b) estandarte (pétalo dorsal erguido), c) alas (dos pétalos laterales), d) quilla (dos pétalos ventrales con sus bordes soldados), e) gineceo y f) androceo (Nadal, 2004).

Las flores dan origen a frutos de tipo vaina o legumbre que son pubescentes e indehiscentes y miden entre 5 a 12 cm de largo; estos frutos presentan un número diverso de semillas que varían en su forma (redonda, ovalada a casi cuadrangular) y tamaño (entre 0,5 a 1,5 cm) (Palacios *et al.*, 2004 y FAO, 2010).

Los *Lupinus* del oeste de América del Sur, se caracterizan por la típica forma digitada de sus hojas (Eastwood *et al.*, 2008), que generalmente presentan de 5 a 12 foliolos oblongo lanceolados y delgados (Castañeda, 1988). *Lupinus mutabilis* Sweet. se diferencia de otras especies de *Lupinus* por la poca pubescencia de sus hojas (FAO, 2010). A diferencia de las hojas el tallo es totalmente glabro y forma varias ramificaciones que presentan el cilindro central hueco. Este tallo puede variar de color verde a gris castaño dependiendo del grado de leñosidad que alcance (Castañeda, 1988 yFAO, 2010).

Por otro lado, la raíz de *Lupinus mutabilis* Sweet. es pivotante, robusta, poco profunda (Palacios *et al.*, 2004) y forma nódulos en simbiosis con *Rhizobium lupini*. Las bacterias nodulares, penetran a los pocos días de la germinación y pueden observarse los nódulos después de 2 a 3 semanas de la emergencia de la plántula (Castañeda, 1988).

4.1.3. TIPO DE REPRODUCCIÓN

En cuanto a su reproducción, el tarwi es considerado una planta autógama con un 4 a 11% de polinización cruzada (Sevilla y Holle, 2004).

Según Musicante *et al.* (2008), el conocimiento del sistema reproductivo de una planta es esencial para la evaluación de la producción de semillas, de la tasa y tipo de polinización. Estas dos últimas características, a su vez, ayudan a la comprensión de los mecanismos de flujo genético dentro y entre poblaciones. Y son de capital importancia en el manejo de los recursos genéticos, así como en el mejoramiento genético (Sevilla y Holle, 2004).

4.1.4. CLASIFICACIÓN TAXONÓMICA Y NOMBRES COMUNES

Según la USDA (United States Departament of agriculture), la clasificación taxonómica del tarwi (*Lupinus mutabilis* Sweet.) es la siguiente:

División: Magnoliophyta
Clase: Magnoliopsida
Subclase: Rosidae
Orden: Fabales
Familia: Fabaceae
Subfamilia: Papilionoideae
Género: *Lupinus*
Especie: *Lupinus mutabilis* Sweet.

Por otro lado, los nombres comunes de esta especie son (Jacobsen *et al.*, 2006):

Inglés   :   andean lupine, pearl lupin.
Español   :   lupino, altramuz, chocho.
Quechua   :   tarwi (Perú y Bolivia), chuchus muti (Bolivia), chocho, chochito
                   (Ecuador y Norte del Perú), ccequella (Azángaro Perú)
                   tauri (Bolivia), chocho, chochito (Norte del Perú y Ecuador)
Aymara   :

4.1.5. DIVERSIDAD GENÉTICA

El tarwi, muestra una amplia diversidad genética con gran variabilidad en cuanto tamaño y color de semilla (Jimenez, 2006), contenido de alcaloides, proteínas, aceites (Palacios *et al.*, 2004), periodo vegetativo, resistencia a plagas (Jacobsen *et al.,* 2006) y adaptación ecológica en los Andes (Tapia, 2000 y Sawicka-Sienkiewicz *et al.*, 2008). Esta gran variabilidad llevó a los fitomejoradores a tratar de seleccionar un genotipo queposea alto contenido de proteínas, aceites y bajo contenido de alcaloides. Lamentablemente, este genotipo no se encuentra disponible en poblaciones silvestres de

L. mutabilis (Jimenez, 2006). Sin embargo, algunas variedades y principales ecotipos de tarwi (*Lupinus mutabilis* Sweet.) ya han sido seleccionados (Cuadro 2). Estas colecciones son mantenidas en universidades nacionales como: San Antonio Abad del Cusco, Universidad Nacional del Altiplano en Puno, La Universidad Nacional Agraria la Molina; instituciones nacionales: Instituto Nacional de Innovación Agraria (INIA) y en instituciones internacionales como: Institute of Plant Genetics in Poznan, Poland, en Braunschweig, Alemania, etc (Jimenez, 2006).

El número de cromosomas de esta especie es de $2n = 8x = 48$ como es común en la mayoría de especies de lupino que se distribuyen en los Andes (Jimenez, 2006; Zoga *et al.*, 2008, y Eastwood y Hughes, 2008). Según Jimenez (2006), el número básico de cromosomas del género *Lupinus* es 8 ($2n = 48$) y 10 ($2n = 40$).

Cuadro 2: Variedades y principales ecotipos de tarwi (*Lupinus mutabilis* Sweet.) seleccionados.

FUENTE: FAO, 2010.

Variedad Perú	Localidad seleccionada	Característica
Cusco	Kayra, Cusco	Flor blanca
Kayra	E. E. Andenes	Alto rendimiento
Altagracia	Huamachuco	Tolerante a antracnosis
Puno	Puno	Precoz
H6	Huancayo	Buen rendimiento
SCG-25	Cusco	Buen rendimiento
SCG-9	Cusco	Alto rendimiento
SLP-1 y SLP-4	E. E. Camacani	Precoz (150 días)
Andenes 80	E. E. Andenes	Alto rendimiento
Yunguyo	E. E. IIIpa	Alto rendimiento
Variedad Bolivia	**Localidad seleccionada**	**Característica**
Toralapa	Cochabamba	Precoz

4.1.6. ECOLOGÍA

El ciclo de crecimiento de *Lupinus mutabilis* Sweet. varía entre 150 a 360 días (Jimenez, 2006). Esta especie está adaptada a temperaturas templadas y frías (Jacobsen *et al.*, 2006), es susceptible a las heladas en su etapa de crecimiento. Sin embargo, durante el llenado de semilla su susceptibilidad desaparece. Este periodo, llenado de semilla, es acelerado en días cortos y es una de las principales características que limitan la adaptación del tarwi a latitudes más altas (Jacobsen *et al.*, 2011).

Muchas investigaciones se han basado en el estudio de las cualidades de la semilla del tarwi. Sin embargo, poco se sabe de su rendimiento y de las características morfológicas que se encuentran fuertemente influenciadas por el medio ambiente (Jacobsen *et al.*, 2011). Según Eastwood y Hughes (2008), el bajo rendimiento de esta especie así como su indeterminado tiempo de crecimiento y maduración de vaina estarían limitando su cultivo masivo.

El tarwi se cultiva en valles interandinos entre los 2.000 a los 3.850 metros sobre el nivel del mar, aunque también se han obtenido buenos rendimientos a nivel del mar (Jacobsen *et al*, 2006). Para su buen crecimiento requiere de 350 a 850 mm de precipitación pluvial, asi como suelos limosos-arenosos cuyo pH oscile entre 5 y 7 ya que en suelos ácidos, la fijación de nitrógeno por *R. lupini* es muy escasa (Jimenez, 2006).

Por otro lado, el cultivo se ve afectado por plagas: masticadores de follaje (*Copitarsia turbata*), barrenadores de tallo (*Agromyza* sp.) y chupadores (*Frankliniella tuberosi* y *Myzus* sp.) asi como por enfermedades: roya (*Uromyces lupini*), fusariosis (*Fusarium oxysporum*) y antracnosis (*Colletotrichum acutatum*) (Jacobsen *et al.*, 2006 y Jacobsen *et al.*, 2011). Según Jacobsen *et al.* (2011), las duras condiciones climáticas del altiplano peruano-boliviano hacen que esta área esté libre de las enfermedades antes mencionadas y por lo tanto sea una excelente zona para el cultivo de tarwi.

4.1.7. USOS Y VALOR NUTRICIONAL

Las semillas del tarwi son excepcionalmente nutritivas pues presentan más del 40% de su peso seco como proteína (Jacobsen *et al.*, 2011 y Schoeneberg *et al.*, 1981) que es cerca del doble del contenido proteico de la mayoría de leguminosas consumidas por el hombre (Schoeneberg *et al.*, 1981). Además, su contenido de aceite (20% de su peso seco) es similar al de la soya (Jacobsen *et al.*, 2011 y Schoeneberg *et al.*, 1981), por lo que también se le conoce como la soya de los andes (Jacobsen *et al.*, 2006).

Pese a su alto contenido de proteínas el tarwi se ve limitado en cuanto aminoácidos azufrados se refiere (Cuadro 3), esta limitación ha demostrado afectar negativamente la relación de eficiencia proteica (PER) y por lo tanto la calidad de su proteína. Sin embargo, se ha demostrado que el suplemento de estas proteínas con 0.2% de DL-metionina incrementan su relación de eficiencia proteica (PER) (Schoeneberg *et al.*, 1981). Además, el suplemento con 0.5% de metionina incrementa su valor biológicoa un 75% (Jacobsen *et al.*, 2011).

Por otro lado, la composición de ácidos grasos de *L. mutabilis* Sweet. (Cuadro 4) es similar al de la soya ya que ambos contienen gran cantidad de ácidos grasos poliinsaturados. El ácido erúsico, potencialmente tóxico no se encuentra en su composición (Schoeneberg *et al.*, 1981).

Cuadro 3: Contenido de aminoácidos esenciales en la semilla cruda de *Lupinus mutabilis* Sweet. FUENTE: Schoeneberg *et al.*, 1981.

Aminoácidos	g de aminoácidos / 16 g N
Isoleucina	4.8
Leucina	7.0
Lisina	5.9
Metionina	0.4
Cisteína	1.2
Metionina + Cisteína	1.6
Fenilalanina	4.3
Tirosina	3.6
Fenilalanina + Tirosina	7.9
Treonina	3.8
Triptófano	0.7
Valina	4.2

Cuadro 4: Composición de ácidos grasos del tarwi en % de ácidos grasos totales. FUENTE: Jacobsen *et al.*, 2006.

Acidos	%
Oleico (Omega 9)	40.4
Linoleico (Omega 6)	37.1
Linolénico (Omega 3)	2.9
Palmítico	13.4
Palmitoleico	0.2
Esteárico	5.7
Mirístico	0.6
Araquídico	0.2
Behénico	0.2
Erúsico	0.0
Cociente Polisat / Satur	2.0

Según Jacobsen *et al.* (2006), a pesar de su alto valor nutritivo (cuadros 3 y 4), el cultivo y consumo del grano de *Lupinus mutabilis* Sweet. se ha visto afectado en países andinos, sobretodo en Colombia, Argentina y Chile, debido a la falta de difusión de las formas de uso, así como su alto contenido de alcaloides quinolizidínicos entre los que destacan la esparteína, lupinina y lupanidina (Ciancio y Mukerji., 2008).

Dentro de los usos del tarwi se destaca el consumo directo en platos típicos como: Wayk'ani o puré de tarwi, sopa de tarwi, torreja de tarwi, humita de tarwi, ocopa de tarwi, ensalada de tarwi, etc (Jacobsen, 2006). Industrialmente, el mismo autor señala que este grano es utilizado para la obtención de harina y posterior uso en panificación donde se han encontrado excelentes resultados en cuanto contenido calórico y proteico.

Por otro lado, gracias a su alto contenido de alcaloides, esta leguminosa es utilizada para la eliminación de ectoparásitos y parásitos intestinales (Méndez, 2008) y podría ser utilizada como antifúngico y antibacteriano.

4.2. BANCOS DE GERMOPLASMA

Su finalidad es conservar las semillas y ponerlas a disposición de los usuarios para que sean utilizadas directamente, o sirvan como material básico en la generación de variedades superiores (Sevilla y Holle, 2004). Los principales Bancos de germoplasma que conservan colecciones de *Lupinus mutabilis* en los Andes se muestran en el Cuadro 5.

Actualmente existe un gran número de colecciones de germoplasma que contienen genotipos con alto valor agronómico. No obstante, en muchas ocasiones el conocimiento de la organización genética y relación entre el material disponible es escaso, lo que impide su utilización en mejoramiento (Becerra y Paredes, 2000). Es por ello, que se hace importante la caracterización del germoplasma colectado (Sevilla y Holle, 2004).

Existen dos niveles de caracterización, el primer nivel se refiere a la caracterización de la variabilidad que se puede detectar a simple vista, a esta caracterización se le denomina caracterización morfológica y para su análisis se hace uso de los descriptores morfológicos. Por otro lado, el segundo nivel se refiere a la caracterización de la variabilidad que no es detectable a simple vista, a esta caracterización se le denomina caracterización molecular (Franco e Hidalgo, 2003) y para su análisis se puede hacer uso de los marcadores bioquímicos y moleculares(Becerra y Paredes, 2000).

La caracterización del germoplasma se ha basado fundamentalmente en características fenotípicas (Becerra y Paredes, 2000). Sin embargo, este tipo de caracterización tiene muchas limitantes, entre las principales encontramos: su influencia por el medio ambiente, su posible expresión en estadios adultos de la planta, y el reducido número de genes involucrados en el proceso (Echenique *et al.*, 2004 y Azofeifa, 2006).

Cuadro 5: Principales bancos de germoplasma que conservan accesiones de *Lupinus mutabilis* Sweet. en las regiones andinas. FUENTE: Jacobsen *et al.*, 2011.

País	Banco de germoplasma	N° de accesiones	N° de accesiones aun no colectadas
Perú	1. Centro de Investigación en Cultivos Andinos (CICA), Cusco.	1800	150
	2. Centro de Investigación y producción, Camacani-UNA, Puno.	260	200
	3. E.E. Santa Ana, INIA- Huancayo.	347	250
Bolivia	1. Foundation PROINPA (Promoción de Investigaciones en Productos Andinos), La Paz.	20	400
	2. Centro de Investigaciones Fitoecogenéticas de Pairumani-CIFP, Cochabamba.	114	
	3. Universidad Mayor de San Andrés (UMSA), La Paz.	340	
Ecuador	Instituto de Investigaciones Agropecuarias (INIAP), Quito.	380 (257 de Ecuador)	200
Chile	Universidad Temuco	180	80
Argentina	Instituto Nacional de Tecnología Agropecuaria (INTA), Instituto de Recursos Biológicos, Buenos Aires.	180 (4 de Argentina)	20-100
Colombia	1. Universidad Nacional de Colombia (UNC), Facultad de Agronomía, Bogotá.	20	50
	2. Instituto Colombiano Agropecuario (ICA), Bogotá.	40	

4.3. CARACTERIZACIÓN MOLECULAR

4.3.1. GENERALIDADES

Como sucede en todos los seres vivos que se desenvuelven bajo condiciones naturales, una población de individuos que conforman una especie vegetal están sometidos a una activa interacción dinámica de adaptación con el medio ambiente (factores bióticos y abióticos) en el que se desarrollan (Becerra y Paredes, 2000; Franco e Hidalgo, 2003). El resultado de esta adaptación se traduce en la acumulación de información genética que, a manera de variantes, cada especie va guardando entre los miembros de su población y heredando a sus siguientes generaciones (Franco e Hidalgo, 2003). De esta manera, aunque los individuos de una misma población presentan características similares también exhiben variantes individuales. La suma de todos los individuos con sus respectivas variantes es lo que se conoce como variabilidad genética de una especie, la cual permite a dicha especie adaptarse a los cambios que se pueden presentar en su entorno (Franco e Hidalgo, 2003).

Desde el punto de vista de la expresión, la variabilidad contenida en el genoma de una especie puede clasificarse en: (1) variación adaptativa: la que se expresa en características visibles que conforman el fenotipo y (2) diversidad neutra: la que no se expresa en características visibles y que por lo general se refiere a procesos o productos internos de la planta (Jiménez y Collada, 2000 y Franco e Hidalgo, 2003).

Comúnmente, todo el espectro de variabilidad dentro de las especies cultivadas y sus parientes silvestres es mantenido en bancos de germoplasma. Los cuales, además de conservarla, documentarla, evaluarla, y caracterizarla se encargan del mejoramiento de caracteres deseables (Rafael, 2008). La obtención de estos caracteres y su mejoramiento, requieren del conocimiento previo y apropiado de la diversidad genética del germoplasma almacenado (Becerra y Paredes, 2000 y Rafael, 2008).

El estudio de la variabilidad genética se basa en el grado de similitud entre individuos, lo que permite la formación de grupos homogéneos que comparten una estructura de diversidad particular (Rafael, 2008). Estas agrupaciones y por ende la estimación de la variabilidad genética se realizan durante la caracterización del germoplasma que, en general, se refiere a la determinación de los atributos o caracteres peculiares de un organismo vivo, de modo que claramente lo distinga de los demás (Mansilla, 2001).

Como se mencionó en el capítulo anterior, existen dos niveles de caracterización: (1) caracterización morfológica: estima la variación adaptativa haciendo uso de marcadores morfológicos y (2) la caracterización molecular que se encarga de estimar la diversidad genética neutral utilizando marcadores bioquímicos y/omoleculares (Jiménez y Collada, 2000 y Franco e Hidalgo, 2003). Estos niveles han sido y son utilizados ampliamente. Sin embargo, existen algunas ventajas y desventajas en sus usos: según Piña *et al.* (2009), la caracterización morfológica no siempre reflejala variación genética real, debido a que el fenotipo está determinado no solo por el genotipo sino también por la influencia del ambiente en el que se desarrolla. Como se señala anteriormente, durante la caracterización morfológica desconocemos la variación subyacente en el genoma sin embargo, al realizar la caracterización molecular o ignoramos el reflejo que tiene sobre el fenotipo o sabemos que este es nulo (Jiménez y Collada, 2000). Ya que estos análisis son complementarios, se recomienda el uso de ambos durante la caracterización del germoplasma.

4.3.2. MARCADORES GENÉTICOS

Según Semagn *et al.* (2006), un marcador genético puede ser definido como: (a) un punto de referencia cromosómico o alelo que permite la localización de una región específica del ADN, (b) una parte específica de ADN con una posición conocida en el genoma o (c) un gen cuya expresión fenotípica es generalmente fácil de discernir. Para que un carácter sea considerado un marcador genético debe mostrar una variación experimentalmente detectable entre los individuos de la población y un modo de herencia mendeliana (Karp *et al*, 1997, Echenique *et al*, 2004 y Semagn *et al*, 2006).

Por lo general estos marcadores se agrupan en tres categorías: marcadores morfológicos, bioquímicos y moleculares (Martínez *et al.*, 2010). La diferencia entre ellos se basa en su abundancia a nivel genómico, el nivel de polimorfismo que pueden detectar, su reproducibilidad, su especificidad de locus y sus requerimientos técnicos y financieros (Kumar *et al.*, 2009). Martínez *et al.* (2010) señala que, un marcador ideal secaracteriza por ser: altamente polimórfico (dentro y entre especies), presentar herencia mendeliana no epistática, ser insensible a efectos ambientales, codominante, de rápida detección y simple análisis. Sin embargo, ningún marcador posee todas estas características a la vez. Es por ello que su elección dependerá de su aplicación específica así como, las facilidades técnicas y limitaciones de tiempo y dinero (Kumar*et al.*, 2009).

a. MARCADORES MORFOLÓGICOS

Se define como marcadores morfológicos a todas las características fenotípicas de fácil identificación visual tales como: la forma, el color, tamaño o altura (Martínez *et al.*, 2010). Este tipo de marcadores fueron ampliamente utilizados hasta mediados de la década del 60 para estudios de genética y mejoramiento (Ferreira & Grattapaglia, 1998) convirtiéndose en importantes descriptores a la hora de inscribir nuevas variedades (Echenique *et al*, 2004 y Piña *et al*, 2009).

Su uso contribuyó significativamente al desarrollo teórico del ligamiento genético y a la construcción de las primeras versiones de mapas genéticos (Echenique *etal.*, 2004 y Ferreira & Grattapaglia, 1998). Sin embargo, las limitaciones (bajo nivel de polimorfismo, número reducido en cada población, restringida disponibilidad a ciertos cultivos, tales como maíz, tomate y arveja, etc) y características negativas (su posible expresión en estadios adultos de la planta, variación en presencia de cambios ambientales, etc.) de este tipo de marcadores (Echenique *et al.*, 2004 y Azofeifa, 2006) habrían limitado su uso práctico.

No obstante, los marcadores morfológicos siguen siendo útiles en la identificación de materiales dado que presentan un conjunto de genes que pueden ser evaluados a bajo costo y con métodos sencillos (Echenique *et al.*, 2004).

b. MARCADORES BIOQUÍMICOS

El desarrollo de este tipo de marcadores produjo una gran revolución en los estudios genéticos de plantas que hasta ese momento contaban con un número limitado de marcadores morfológicos (Martínez *et al.*, 2010). Dentro de este grupo se encuentran las isoenzimas (múltiples formas moleculares de una enzima, que poseen actividad catalítica común).

En general, el proceso de detección de estos marcadores se basa en la extracción de proteínas a partir de tejido vegetal previamente seleccionado, seguido de su separación por electroforesis y coloración del gel de corrida (Ferreira & Grattapaglia, 1998). Este último paso se realiza utilizando solución reveladora. Como resultado, se obtendrá un patrón de bandas que será interpretado de acuerdo al número de subunidades de la enzima, mientras más subunidades tenga la enzima más dificultosa será la interpretación del patrón de bandas (Ferreira & Grattapaglia, 1998). Por ejemplo, en el caso de una enzima dimérica, los individuos heterocigotos además de poseer dos bandas correspondientes a los dos polipéptidos, poseerán una banda intermedia producto de la conjugación de ellos.

c. MARCADORES MOLECULARES

Se define como marcador molecular a un segmento de ADN con ubicación específica en un cromosoma cuya herencia puede seguirse entre individuos de una población (Martínez *et al.*, 2010). Estos marcadores funcionan como señaladores de diferentes regiones del genoma y permiten evidenciar variaciones (polimorfismos) en la secuencia del ADN entre dos o más individuos, modifiquen o no su fenotipo (Echenique *et al*, 2004 y Semagn *et al*, 2006).

Los marcadores moleculares son fenotípicamente neutros (con efecto epistático o pleiotrópico mínimo o nulo), presentan mayor polimorfismo que los marcadores morfológicos, pueden ser evaluados desde los primeros estadios de desarrollo de las plántulas y son independientes de la época del año en el que se realiza el análisis (Azofeifa, 2006). Todas estas ventajas le brindan, a este tipo de marcadores, una mayor sensibilidad para la detección de cambios en el genotipo de diversos individuos (Becerra y Paredes, 2000), lo que a su vez significa un gran avance en los estudios relacionados con diversidad genética.

Dentro de los marcadores moleculares se menciona la existencia de dos grupos: los marcadores basados en la hibridación del ADN y los basados en la PCR (Semagn *et al*, 2006 y Kumar *et al.*, 2009).

- **Marcadores basados en la hibridación del ADN**

Dentro de este grupo se encuentran las técnicas que emplean sondas (fragmentos de ADN o ARN que contienen el código complementario para una secuencia específica) para la detección de los marcadores (Velasco, 2005). Según Martínez *et al.* (2010), las técnicas más usuales son: Polimorfismo de la longitud de los fragmentos de restricción (RFLP) y el número variable de repeticiones en tándem (VNTR).

- **Marcadores basados en la PCR**

Este grupo se encuentra formado por varios marcadores que generan polimorfismo genético debido a la variación existente en la secuencia del genoma a analizar que altera los sitios de reconocimiento del "iniciador" (cebador o primer) utilizado durante la amplificación del ADN (Velasco, 2005). Según Weising *et al.* (2005), se pueden utilizar tres tipos de iniciadores durante este proceso: los iniciadores específicos, arbitrarios o semiespecíficos (Cuadro 6).

Cuadro 6: Características y ejemplos de iniciadores específicos, semiespecíficos y arbitrarios.

Iniciadores	Características	Ejemplos
Específicos	Son diseñados en base a la información de la secuencia del gen con el que se desea trabajar (Weising *et al.*, 2005). Se obtienen fragmentos de tamaño conocido (INE México, 2011).	Microsatélites, PCR-RFLP, etc.
Semiespecíficos	Complementarios de elementos repetitivos de ADN (Jiménez y Collada, 2000).	MP-PCR (Microsatellite-Primed PCR)
Arbitrarios	Son oligonucleótidos pequeños (de 6 a 18 bases) cuya secuencia está presente muchas veces en el ADN del organismo que estudiamos (INE México, 2011). Amplifica regiones no conocidas del genoma y de tamaño desconocido (Weising *et al.*, 2005).	ISSR, RAPD, etc.

4.3.3. MARCADORES MOLECULARES BASADOS EN LA AMPLIFICACIÓN ARBITRARIA DEL ADN: LA TÉCNICA ISSR

Una de las técnicas más utilizadas en el análisis de la diversidad genética y relaciones genéticas de especies silvestres (e.g. De-Lian *et al.*, 2004; Sudupak, 2004; Huang *et al.*, 2008), malezas (e.g. Li y Ye , 2006) y cultivadas autógamas (e.g. arroz: Joshi *et al.*, 2000; trigo: Zhu *et al.*, 2011; cebada: Hou *et al.*, 2005; frijol: Svetleva *et al.*, 2006; tomate: Aguilera *et al.*, 2011; *Lupinus*: Sbabou *et al.*, 2010), alógamas (e.g. maíz: Oliveira *et al.*, 2010; espárrago: Sica *et al.*, 2005) y de propagación vegetativa (e.g. papa: Nováková *et al.*, 2010) es la técnica ISSR.

Esta fue desarrollada a partir de la técnica SSR y se basa en el uso de secuencias microsatélites como iniciadores para amplificar regiones inter microsatélite y así generar marcadores multilocus de alto polimorfismo (Pradeep *et al.*, 2002). Según Bornet y Branchard (2001), para que estas regiones sean amplificadas es necesario que se encuentren a una distancia adecuada y limitadas por dos microsatélites invertidos (Figura 4). Los microsatélites utilizados como iniciadores miden entre 16-25 pb de longitud y pueden ser de dos tipos: anclados (en el extremo 5'o 3') con 1 a 4 bases quese extienden dentro de las regiones flanqueantes (Figura 4) o no anclados (Pradeep *et al.*, 2002).

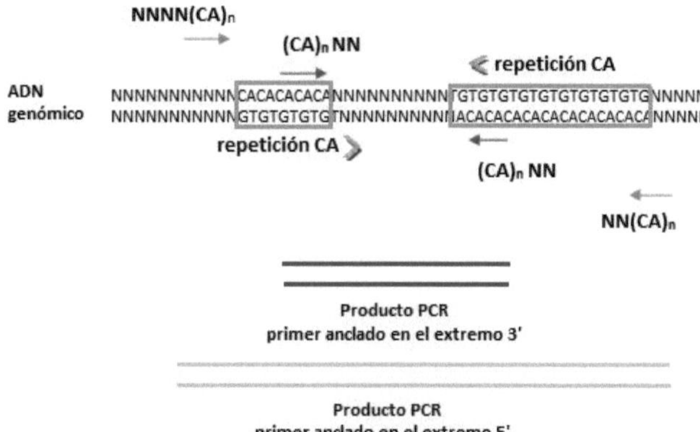

Figura 4. Productos amplificados por marcadores ISSR anclados en el extremo 3' (líneas moradas) y extremo 5' (líneas celestes), las bases de anclaje están simbolizadas como NN. Nótese que la región amplificada se encuentra limitada por dos microsatélites invertidos. FUENTE: Zietkiewicz *et al.*, 1994.

La fuente de variabilidad o polimorfismo de esta técnica se basa en cualquiera de las siguientes razones o su combinación (Pradeep *et al.*, 2002):

(a) Referidas al templado o ADN base: Mutaciones en las secuencias blanco, inserciones o deleciones en la región SSR o en la región a ser amplificada que podrían evitar la amplificación de fragmentos o polimorfismos de longitud. Además, variaciones en el número de nucleótidos de las repeticiones microsatélite podrían resultar en polimorfismos de longitud al utilizar iniciadores anclados en el extremo 5'.

(b) Referidas a la naturaleza del iniciador (anclados o no anclados): En el caso de iniciadores no anclados, estos tienden a formar un slipage en la zona SSR generando manchas que no pueden ser leídas. Por otro lado, el uso de iniciadores anclados asegura el correcto alineamiento del iniciador a los extremos del microsatélite obviando cebados y brindando mayor selectividad y especificidad al sitio de unión.

(c) Método de detección: Genera una variación en el grado de polimorfismo encontrado. El mejor método de detección utilizado sería el de geles de acrilamida en electroforesis vertical.

4.4. EXTRACCIÓN DE ADN GENÓMICO

4.4.1. GENERALIDADES

Existen muchos métodos de extracción de ADN, cada uno de ellos están modificados para la extracción eficaz de esta molécula a partir de una especie enparticular (Weising *et al.*, 2005). Esto debido a que aún en especies emparentadas la composición bioquímica es considerablemente variable (Weising *et al.*, 2005) y por tanto, el uso de un mismo protocolo en diferentes especies o aún en diferentes órganosde una misma especie (semillas, raíces, tallos, hojas, etc) no garantiza un buen rendimiento de ADN puro e íntegro (Novaes *et al.*, 2009 y Joshi *et al.*, 2010) necesario para la posterior aplicación de las técnicas genéticas (Colosi y Schaal, 1993).

Es por ello que el éxito de un protocolo de extracción es medido según el rendimiento de ADN íntegro y de calidad, por tanto útil en estudios posteriores (Hameed *et al.*, 2004).

La extracción de ADN es dificultosa en una gran variedad de plantas. Esto debido a la presencia de metabolitos secundarios (aceites esenciales, alcaloides, flavonoides, fenoles, polisacáridos, terpenos y quinonas) que no solo interfieren en el mismo proceso de aislamiento sino que también afectan las posteriores reacciones de restricción, amplificación y clonación (Khanuja *et al.*, 1999). Según Weising *et al.* (2005). Algunos de los problemas encontrados durante el aislamiento y purificación del ADN son: la degradación del ADN por endonucleasas, el co-aislamiento de polisacáridos y otros compuestos inhibitorios, como fenoles, que interfieren directa o indirectamente en las posteriores reacciones enzimáticas, el co-aislamiento de ácidos orgánicos, polifenoles, látex y otros compuestos secundarios que puedan causar daño al ADN y/o inhibir reacciones enzimáticas.

Esta situación se ve agravada al trabajar con especies que producen gran cantidad de metabolitos secundarios, como son la gran mayoría de plantas usadas en la industria (Khanuja *et al.*, 1999 y Weising *et al.*, 2005).

4.4.2. COSECHA DEL MATERIAL VEGETAL Y ALMACENAMIENTO

Una de las primeras consideraciones para la extracción de ADN de plantas es la manera como se colecta y almacena el tejido vegetal pues, la calidad y rendimiento del ADN extraído está afectado por la condición del tejido antes de la extracción (Ferreira & Grattapaglia, 1998 y Matasyoh *et al.*, 2008). La mayoría de protocolos recomiendan el uso de material vegetal fresco y en fase activa de crecimiento (Ferreira &

Grattapaglia, 1998 y Khanuja *et al.*, 1999) debido a que este tipo de tejido acumula menos polisacáridos (Joshi *et al.*, 2010). Sin embargo, el material vegetal puede provenir de lugares lejanos y por tanto requerirá ser almacenado (Khanuja *et al.*, 1999).

Ferreira & Grattapaglia (1998) señalan que, la conservación de la muestra colectada dependerá del tiempo que se encuentre almacenada. Para días de almacenamiento, el material vegetal puede ser colocado en un frigorífico o en hielo; si este es almacenado por más de una semana debe conservarse a -20°C. Para tiempos indefinidos de conservación se recomienda el almacenamiento a -60°C o la liofilización del material.

4.4.3. RUPTURA DE TEJIDOS Y PAREDES CELULARES

En la mayoría de los protocolos de aislamiento de ADN, el material vegetal es congelado en nitrógeno líquido y posteriormente molido, con un mortero, hasta obtener un polvo fino (Weising *et al.*, 2005). Para el aislamiento de ADN a partir de poco tejido vegetal, la molienda puede ser realizada dentro del tubo de extracción utilizando un tip, pequeños morteros de mano o pequeñas billas de metal (Colosi y Schaal, 1993 yWeising *et al.*, 2005). En general, la molienda dentro de los tubos de extracción previene la contaminación de la muestra por ADN endógeno ya que, el material de molienda es utilizado una sola vez; con excepción de las billas de metal que pueden reutilizarse luego de ser lavadas y autoclavadas (Colosi y Schaal, 1993).

Algunas limitaciones del uso de nitrógeno líquido son: el costo del nitrógeno líquido (Aljanabi *et al.*, 1999) y el cuidado que se debe tener para que el material vegetal no se descongele antes de agregar el tampón de extracción. De otro modo, las enzimas liberadas durante el proceso degradarían el ADN (Weising *et al.*, 2005).

El uso de muestras liofilizadas o secas evitan el problema del deshielo (Weising *et al.*, 2005). Según Matasyoh *et al.* (2008), el secado del material vegetal puederealizarse utilizando silicagel. En sus ensayos, el mismo autor, encontró buen rendimiento y calidad de ADN a partir de hojas de *Ocimum gratissimun* L. secadas en silicagel.

Si se utiliza material vegetal fibroso, la molienda puede ser facilitada con el uso de arena esterilizada o el pre corte del material. Por otro lado, el tejido fresco puede ser molido directamente en el tampón de extracción siempre y cuando se garantice que este tampón deja las organelas intactas. De otro modo, el ADN podría sufrir ruptura mecánica (Weising *et al.*, 2005).

Otros autores utilizan compuestos químicos que disuelven la pared celular. Un ejemplo, son las sales de potasio o sodio de etil xantogenato también utilizadas en la industria textil para la disolución de la celulosa (Weising *et al.*, 2005).

4.4.4. LISIS DE LAS MEMBRANAS CELULARES Y ESTABILIDAD DEL ADN

En la mayoría de los protocolos de extracción la lisis de las membranas y la liberación del ADN del núcleo, cloroplastos y mitocondria se realiza inmediatamente después de la molienda de las muestras (Weising *et al.*, 2005).

Para este paso se hace uso del tampón de extracción. Este contiene compuestos que ayudan a la lisis de las membranas (celulares o de las organelas) así como a la protección del ADN ya que, impiden la acción de enzimas nativas o compuestos secundarios liberados durante el proceso de purificación (Ferreira & Grattapaglia, 1998). Según Weising *et al.* (2005), el tampón de extracción generalmente consta de cinco componentes (Cuadro 7). Estos varían en combinaciones y concentraciones dependiendo del tipo de tejido y especie en estudio (Ferreira & Grattapaglia, 1998, Hameed *et al.*, 2004, Weising *et al.*, 2005 y Novaes *et al.*, 2009).

Cuadro 7: Principales componentes de un tampón de extracción.

Componentes	Usos	Rangos o concentraciones estándar
Detergente	• Solubilización de las membranas celulares (Ferreira & Grattapaglia, 1998), desnaturalización de proteínas y disociación de proteínas del ADN (Weising *et al.*, 2005). • Los detergentes más utilizados son: CTAB (detergente catiónico), sarkosyl y SDS (detergente aniónico)(Weising *et al.*, 2005).	2% CTAB (Bromuro de Hexadecil Trimetil Amonio) y 1% de SDS (Sodio Dodecil Sulfato) (Weising *et al.*, 2005).
Tampón del sistema	• Mantener el pH del tampón de extracción constante, evitando el pH óptimo de enzimas degradativas como las DNAsas (Ferreira & Grattapaglia, 1998). • El tampón más utilizado es el Tris-HCl pH 8.0 (Weising *et al.*, 2005).	El rango de pH utilizado en los tampones de extracción fluctúa entre 8 y 9 (Ferreira & Grattapaglia, 1998 y Weising *et al.*, 2005).
NaCl	• Ayuda a la disociación de proteínas (especialmente histonas) del ADN (Weising *et al.*, 2005) e incrementa la solubilidad de los polisacáridos en presencia de etanol (Matasyoh *et al.*, 2008)	>1 M NaCl (Weising *et al.*, 2005).

Agente reductor	• Inhibe procesos de oxidación que directa o indirectamente dañan al ADN (Matasyoh *et al.*, 2008). Además, inhiben DNAsas (Mansilla, 2001). • Algunos agentes reductores son: β-mercaptoetanol, ácido ascórbico y el DTT Ditiotreitol (Weising *et al.*, 2005).	>0.03% β-mercaptoetanol (Weising *et al.*, 2005).
Agente quelante	• Inhibe enzimas dependientes de metales ya que, captura iones metálicos bivalentes (Ferreira & Grattapaglia,1998). • Algunos agentes quelantes son: EDTA (ácido etilen diamino tetra acético) y EGTA (ácido etilen glicol tetra acético) (Weising *et al.*, 2005).	-

A continuación se detalla la importancia de la acción de los componentes del tampón de extracción

a. Remoción de proteínas

La disociación de las proteínas (especialmente histonas) del ADN es propiciada por las altas concentraciones de NaCl y el detergente que se encuentra en el tampón (Weising *et al.*, 2005). Según Ferreira & Grattapaglia (1998), el uso del detergente CTAB en presencia de NaCl permite la precipitación selectiva del ADN. Además, estos mismos autores señalan que el uso del NaCl ayuda a precipitar el ADN en presencia de alcohol.

b. Remoción de polifenoles

Como se mencionó anteriormente, existe un gran número de metabolitos secundarios producidos por las plantas (Khanuja *et al.*, 1999). Algunos de estos metabolitos son los fenoles y polifenoles que durante el proceso de extracción de ADN se oxidan y se unen de forma irreversible con proteínas y ácidos nucleicos (Ginwal and Singh, 2010). El material gelatinoso producido por la oxidación de los fenoles no podrá ser utilizado para posteriores reacciones de restricción y PCR (Joshi *et al.*, 2010).

Según Weising *et al.* (2005), la influencia negativa de los polifenoles puede ser evitada utilizando una de las siguientes estrategias:

1. Uso de adsorbentes de polifenoles como el suero bovino o PVP (Polivinilpirrolidona) en la solución del tampón.
2. Uso de inhibidores de la fenoloxidasa como DIECA (ácido dietilditiocarbamato).

3. Uso de agentes antioxidantes como el β-mercaptoetanol.

4. Altos volúmenes de tampón de extracción con respecto a los gramos de muestra. Esto permitirá la dilución de los polifenoles y por tanto disminuirá sus efectos perjudiciales.

c. Remoción de polisacáridos

Los polisacáridos inhiben la actividad de enzimas comúnmente utilizadas en biología molecular, tales son: Taq polimerasa, ligasas y endonucleasas. Esto se debe a la formación del complejo polisacáridos- ácidos nucleicos y su posterior precipitación durante el lavado con alcohol (Joshi *et al.*, 2010, Ginwal y Singh, 2010 y Matasyoh *et al.*, 2008). La formación de este pellet gelatinoso (Matasyoh *et al.*, 2008) puede evitarse mediante las siguientes estrategias:

1. Aumento de la concentración del detergente CTAB en el tampón de extracción (Weising *et al.*, 2005).

2. Incremento de los niveles de NaCl (Khanuja *et al.*, 1999) para acrecentar la solubilidad de los polisacáridos en etanol y por tanto, evitar su co-precipitación con el ADN (Matasyoh *et al.*, 2008).

d. Inhibición de la actividad enzimática de las endonucleasas

En general, los tampones de extracción de ADN contienen EDTA (Weising *et al.*, 2005). Este compuesto se une a iones de magnesio bivalente que son cofactores dela mayoría de endonucleasas y por tanto, previene su activación (Ferreira & Grattapaglia, 1998 y Puchooa, 2004). Sin embargo, en algunas especies de trigo y maíz se ha evidenciado que el EDTA estimula la acción de las endonucleasas (Hameed *et al.*, 2004).

4.4.5. DESCARTE DE RESTOS CELULARES

El primer paso para el descarte de los restos celulares es la extracción con un solvente orgánico. Entre los solventes orgánicos más usados encontramos al alcohol isoamílico, cloroformo y fenol (Mansilla, 2001). Los cuales, pueden ser utilizados de manera conjunta o en parejas (Weising *et al.*, 2005).

El fenol es un eficaz desnaturalizante de proteínas mientras que, el cloroformo no solo desnaturaliza proteínas sino que también ayuda a la remoción de lípidos (Mansilla, 2001), clorofila y pigmentos (Joshi *et al.*, 2010). Durante esta etapa, se produce una cierta cantidad de espuma que es eliminada utilizando alcohol isoamílico (Ferreira & Grattapaglia, 1998).

Posteriormente, se realiza un proceso de centrifugación que separa la suspensión en dos fases (Weising *et al.*, 2005). La fase superior o fase acuosa contiene el ADN, ARN y algunos restos de polisacáridos mientras que, la fase inferior u orgánica contienelas proteínas, lípidos y la mayoría de polisacáridos (Ferreira & Grattapaglia, 1998). Esta última fase debe ser descartada durante el proceso de extracción.

4.4.6. RECUPERACIÓN Y LIMPIEZA DEL ADN

Es necesario eliminar los restos de polisacáridos y otros compuestos propios del proceso de extracción que se encuentran en la fase acuosa previamente recuperada. Para ello, se somete a esta fase a sucesivos lavados con etanol. Según Mansilla (2001), el etanol ayuda en la remoción de proteínas, sales y nucleótidos libres.

La visualización del pellet de ácidos nucleicos (ADN y ARN) se realiza en esta etapa y es propiciado por la presencia del NaCl y etanol (Ferreira & Grattapaglia, 1998). Para recuperar este pellet se realiza una centrifugación después de cada lavado con etanol y posteriormente la muestra es decantada.

4.4.7. RESUSPENSIÓN DEL PELLET

Luego de los lavados con alcohol, el pellet sedimentado se deja secar y posteriormente es resuspendido en buffer Tris-EDTA (Ferreira & Grattapaglia, 1998) que ayuda a mantener su integridad.

4.4.8. DEGRADACIÓN DEL ARN

El ARN a menudo es co-purificado con el ADN y puede causar problemas durante las reacciones de amplificación (Weising *et al.*, 2005 y Joshi *et al.*, 2010). Esta molécula, es usualmente degradada utilizando RNAsas o mediante su precipitaciónselectiva con cloruro de litio (Weising *et al.*, 2005). Cualquiera de estos tratamientos, puede ser realizado en las últimas etapas de la extracción (Weising *et al.*, 2005). Según Joshi *et al.* (2010), los nucleósidos liberados por la degradación del ARN no contaminan el ADN y por tanto, no interfieren en los procesos posteriores.

4.4.8. MÉTODO DE EXTRACCIÓN CTAB

Una de las estrategias de extracción más ampliamente utilizadas para el aislamiento de ADN a partir de material vegetal es el método CTAB (Weising *et al.*, 2005), denominado de esta manera por utilizar el detergente catiónico CTAB (Hexadecil Trimetil Amonium Bromide) en el tampón de extracción (Ferreira & Grattapaglia, 1998).

Este método ha sido acondicionado para una gran variedad de especies vegetales y tiene como una de sus principales características el ser adaptable a diferentes tipos de tejidos vegetales tales como: raíces, semillas, embriones, endosperma, hojas, polen, etc (Ferreira & Grattapaglia, 1998).

4.5. CUANTIFICACIÓN Y MEDIDA DE LA CALIDAD DEL ADN

La cuantificación del ADN extraído es un paso muy importante para posteriores reacciones de amplificación, uso de enzimas de restricción, etc (Karp *et al.*, 1998). En esta etapa, los tres procedimientos más difundidos son: el uso del espectrofotómetro, la comparación de alícuotas de ADN extraído con ADN estándar en geles de electroforesis y el uso del fluorímetro (Ferreira & Grattapaglia, 1998 y Weising *et al.*, 2005). El fundamento de estos procedimientos y sus desventajas se comentan en el Cuadro 8.

Cuadro 8: Fundamentos, ventajas y desventajas de algunas técnicas para cuantificación de ADN.

Técnica	Fundamento	Ventajas	desventajas
Espectrofotometría	Medición espectrofotométrica de la absorbancia UV a 260 nm (Weising *et al.*, 2005).	• Estima la pureza del ADN mediante la razón A_{260}/A_{280} (Karp *et al.*, 1998).	• Interferencia de proteínas, ARN y restos de CTAB en la medición (Weising *et al.*, 2005). • Se requiere de µg de ADN para asegurar que las lecturas sean fiables (Karp *et al.*, 1998 y Weising *et al.*, 2005).
Electroforesis	Capacidad del bromuro de etidio[1] para emitir fluorescencia al ser excitado por luz UV (Weising *et al.*, 2005) y la posibilidad que tiene esta molécula de intercalarse entre	• Sólo requiere ng de ADN (Karp *et al.*, 1998 y Weising *et al.*, 2005). • Puede ser utilizado aún si el ADN está contaminado por proteínas o ARN	• La medición es menos precisa que utilizando espectrofotometría (Weising *et al.*, 2005).

	las bases de los ácidos nucleicos (Tagu y Moussard, 2003).	(Weising *et al.*, 2005).	
Fluorímetro	La unión del compuesto DAPI (4', 6-diamidino-2-fenilindol) con el ADN y su posterior fluorescencia al ser excitado por el haz de luz del fluorímetro. Se requiere de un ADN patrón y se elaborará una curva de calibración (Ferreira & Grattapaglia, 1998).	• Técnica menos onerosa que la espectrofotometría (Ferreira & Grattapaglia, 1998).	• Se requiere de ADN mayor a 1 kb para garantizar la adecuada unión del compuesto (Weising *et al.*, 2005).

Por otro lado, la visualización de la integridad del ADN (calidad del ADN) se realiza utilizando geles de agarosa en el rango de 0.7 a 1% (Karp *et al.*, 1998 y Khanuja *et al.*, 1999). Según Karp *et al.* (1998), el ADN de calidad se debe visualizar como una banda simple en la parte superior del gel. Además, este mismo autor señala que la presencia de cualquier "smear" está relacionada a la degradación del ADN y que la contaminación por sales se hace notoria por pequeñas ondulaciones en las bandas de ADN (Figura 5).

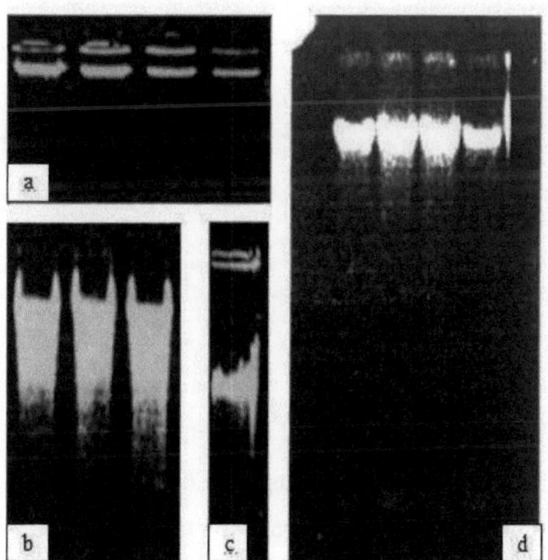

Figura 5. Análisis del ADN genómico extraído a partir de *Secale cereale* L. (a) ADN de buena calidad, (b) ADN degradado, (c) ADN con sales y (d) ADN con ARN. FUENTE: Karp *et al.*, 1998.

4.6. LA PCR (POLYMERASE CHAIN REACTION)

La invención de la PCR revolucionó el repertorio metodológico de la biología molecular (Weising *et al.*, 2005) y aunque fue diseñada como una herramienta para diagnosticar enfermedades genéticas (Karp *et al.*, 1998), hoy es masivamente utilizada en diferentes áreas de investigación y ya se ha documentado su efectividad en publicaciones y libros (Weising *et al.*, 2005). Según Echenique *et al.* (2004) y Weising*et al.* (2005), algunos de los usos de esta técnica son: determinación del sexo deembriones humanos, mapeo y secuenciación del genoma, diagnóstico de enfermedades genéticas, análisis de diversidad genética (a través del desarrollo de marcadores de PCR), etc.

La PCR (Polymerase Chain Reaction), se basa en la síntesis enzimática *in vitro* de millones de copias de ADN a partir de la elongación de cebadores específicos que hibridizan en las cadenas opuestas del ADN, flanqueando la región blanco. En este proceso, se hace uso de una polimerasa termoestable (Tagu y Moussard, 2003, Echenique *et al.*, 2004 y Weising *et al.*, 2005).

En un típico PCR, se puede discernir tres pasos con control de temperatura: desnaturalización, hibridación y elongación. Los cuales, se repiten en una serie de 25 a 50 ciclos (Weising *et al.*, 2005). Durante la desnaturalización, la temperatura aumenta en un rango de 92-95°C (Echenique *et al.*, 2004) provocando que las cadenas del ADN molde se separen (Tagu y Moussard, 2003). A continuación, el descenso de la temperatura (35-65 °C dependiendo de la secuencia del iniciador y por tanto de su "melting temperature" Tm= 4(G+C) + 2(A+T) así como de la estrategia experimental (INE México, 2011)) permite la hibridación de los iniciadores a sus secuencias complementarias en el ADN (Weising *et al.*, 2005). A esta etapa se le conoce como hibridación. Por último, la polimerasa termoestable (comúnmente la Taq polimerasa) se encarga de la elongación del iniciador y por ende de la producción de copias de los fragmentos blanco. En esta etapa, la temperatura aplicada es la temperatura óptima a la cual la enzima termoestable alcanza su mayor actividad; en el caso de la Taq polimerasaes de 72 °C (INE México, 2011).

Debido a que la extensión del extremo 3'del iniciador continuará hasta el extremo 3'de la cadena molde (Figura 6), se obtendrán fragmentos de ADN que no son del tamaño esperado (Ciclo 1). En el segundo ciclo, tanto la molécula de ADN inicial como los primeros productos servirán como molde de la replicación (Weising *et al.*, 2005) obteniéndose dos fragmentos largos (copiados del ADN inicial) y dos fragmentos del tamaño esperado, que es el tamaño entre los iniciadores utilizados (INE México, 2011). Conforme se desarrollan los ciclos, los fragmentos de tamaño esperado (fragmentos cortos) serán amplificados exponencialmente y por tanto predominarán al final del proceso (Weising *et al.*, 2005). Estos productos, consistirán en ADN de doble cadena cuyos extremos correspondan a los extremos 5'de los iniciadores utilizados (Echenique *et al.*, 2004). Figura 6

Según INE México (2011), la PCR tiene diversos métodos o aplicaciones (ver cap. 4.2.3.3.3) a partir de los cuales la técnica se divide en dos categorías: PCR para la amplificación de un solo sitio conocido del genoma (locus) y PCR para la amplificación de regiones no conocidas del genoma. Estas categorías se detallan en el Cuadro 9.

Cuadro 9: Características y usos de las categorías de PCR.

Categorías	Características	Usos
PCRs para la amplificación de un solo locus.	• Uso de oligonucleótidos diseñados a partir de una secuencia de ADN conocida previamente y complementarios de la misma (Jiménez y Collada, 2000). • Se obtienen fragmentos de tamaño conocido (INE México, 2011).	Para la realización de filogenias (INE México, 2011).
PCRs para la amplificación de regiones no conocidas del genoma.	• Uso de oligonucleótidos pequeños o medianos (de 6 a 18 bases) que sean complementarios a zonas repetidas del ADN como los microsatélites (INE México, 2011). Figura 7 • Se amplifican regiones no conocidas del genoma y de tamaño desconocido (Weising *et al.*, 2005).	Para la determinación de polimorfismos genómicos, son los más comunes para fingerprint (INE México, 2011).

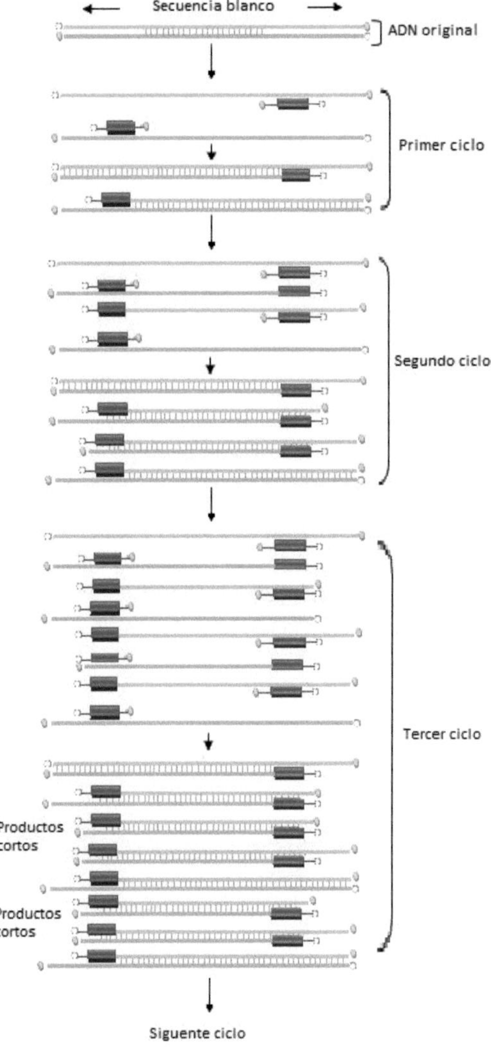

Figura 6. Principio de la reacción en cadena de la Polimerasa. Los cebadores son representados por cuadros sombreados. Mientras que, los extremos 5'y 3'se encuentran indicados por círculos blancos y sombreados respectivamente. FUENTE: Weising *et al.*, 2005.

Figura 7. Ejemplo de amplificación de un individuo hipotético utilizando un cebador para microsatélites. En este ejemplo el cebador ha hibridizado en 6 regiones diferentes. Solo se obtendrán dos productos: Fragmento A (sintetizado a partir de la secuencia de ADN que se encuentra entre los cebadores en posición 2 y 5) y Fragmento B (sintetizado a partir de los cebadores en posición 3 y 6). No existen productos entre los cebadores 1 y 4 pues se encuentran muy alejados entre sí. Los cebadores en posiciones 4 y 2, 5 y 6 tampoco amplifican pues no se encuentran orientados uno hacia el otro. FUENTE: INE México, 2011.

4.6.1. COMPONENTES DE LA REACCIÓN DE LA PCR

La PCR es una técnica muy laboriosa en la etapa de estandarización, debido a que numerosos parámetros influyen en el resultado. Estos parámetros incluyen la arquitectura de los iniciadores, la actividad de la polimerasa, la concentración de los cebadores, $MgCl_2$ y ADN molde (Weising *et al.*, 2005) asi como, la calidad y pureza delADN (INE México, 2011).

Los componentes de la reacción de PCR, sus características y rango de concentraciones se presentan en el Cuadro 10.

Cuadro 10: Componentes de la reacción de PCR, características y rangos de concentración.

Componentes	Características	Concentración
Tampón de Reacción	Esta solución varía (según el fabricante) en el pH, el agente tamponante (Tris, TAPS, etc.) o en la presencia de componentes estabilizadores como: gelatina, tritón-x o DTT (Ferreira & Grattapaglia, 1998). Algunos tampones, incluyen el magnesio necesario para la reacción (INE México, 2011).	Se proporciona en una concentración 10X. Es decir,diez veces más concentración de lo que se requiere para la PCR (Ferreira & Grattapaglia, 1998).
$MgCl_2$	Afecta la eficiencia de la amplificación debido a que la enzima Taq polimerasa es dependiente de iones de magnesio (Ferreira & Grattapaglia, 1998). Según INE México (2011), concentraciones muy altas de magnesio inhiben a la polimerasa mientras que, concentraciones bajas pueden generar productos inespecíficos.	Se proporciona en concentraciones de 25 mM o 50 mM (Ferreira & Grattapaglia, 1998). En la reacción, se utiliza de 1 mM a 4 mM (INE México, 2011).
Iniciadores	Idealmente, un iniciador específico debe tener de 15 a 25 bases de largo, contener de 40 a 60 % de GC y 55 °C como temperatura de hibridación (Weising *et al.*, 2005). Según el mismo autor, esta estructura no puede contener secuencias que le permitan la formación de horquillas, su auto complementación o su complementación con otro iniciador de la misma reacción. Un par de iniciadores que se utilizan en la misma reacción, preferentemente, deben ser del mismo tamaño, temperatura de hibridación y contenido de GC (Weising *et al.*, 2005).	-
dNTPs	Utilizados para la amplificación. Los dNTPs influyen en la PCR, ya que se unen al ión magnesio y reducen su concentración efectiva en la reacción (Dominion mbl, 2011). Por lo tanto, pequeños incrementos en su concentración podrían inhibir la reacción (INE México, 2011).	Se adquieren por separado a 100 mM de concentración (Ferreira& Grattapaglia, 1998). Según INE México (2011), para 1.5 mM de $MgCl_2$ en la reacción una concentración ideal de dNTPs es de 200 µM.
DNA polimerasa	Encargada de la reacción de amplificación. La mayoría de estas enzimas no presentan actividad exonucleasa 3'-5' (corrección), sino que tienen actividad éxonucleasa 5'-3' (Weising *et al.*, 2005) asociada a la polimerización.	Generalmente se adquiere a 5 U/µl (Ferreira & Grattapaglia, 1998).
ADN	La pureza del templado influye en los resultados de la PCR.	1 ng/µl es adecuado para la

genómico	Debido a que, restos de polifenoles, polisacáricos y ARN pueden inhibir la reacción (Weising *et al.*, 2005). Una mayor concentración de ADN en la reacción aumenta las posibilidades de contaminación (Ferreira & Grattapaglia, 1998).	amplificación del genoma de varios organismos eucarióticos con genomas nucleares de 10^8 y 10^{10} pb (Ferreira & Grattapaglia, 1998).

Otros componentes de la reacción son: Albúmina de suero bovino (estabiliza la Taq polimeraza protegiéndola de impurezas), formamida (estabilizante de la estructura secundaria del ADN) y el dimetil sulfóxido (reduce las estructuras secundarias del ADN, útil para amplificar regiones de alta concentración de GCs) (INE México, 2011).

4.7. SEPARACIÓN DE LOS FRAGMENTOS AMPLIFICADOS

Para la separación de los fragmentos obtenidos por PCR se utiliza la electroforesis en gel de agarosa o acrilamida (INE México, 2011).

4.7.1. PRINCIPIOS BÁSICOS DE LA ELECTROFORESIS

La electroforesis se basa en la separación de moléculas (proteínas, isoenzimas, ácidos nucleicos) a través de una matriz (almidón, agarosa o acrilamida). La cual, funciona como un filtro separando las moléculas en un campo eléctrico de acuerdo a su tamaño y carga eléctrica (Ferreira & Grattapaglia, 1998). En el caso del ADN, esta molécula presenta carga negativa, en condiciones neutras, debido a su grupo fosfato (Ferreira & Grattapaglia, 1998).

Según Ferreira & Grattapaglia (1998), la separación de fragmentos de ADN depende básicamente de: la concentración de agarosa, el voltaje aplicado y el tamaño del fragmento. Los mismos autores señalan que la velocidad de migración aumenta proporcionalmente al voltaje y que a mayor concentración de agarosa mayor será la dificultad de migración de los fragmentos a lo largo de la matriz.

Para la visualización de fragmentos de ADN en geles de agarosa se hace uso del bromuro de etidio o, en caso de que el ADN sea marcado con un radioisótopo radioactivo, la autoradiografía (Tagu y Moussard, 2003). Mientras que, para la visualización de fragmentos de ADN en acrilamida se utiliza bromuro de etidio o tinción con nitrato de plata (Weising *et al.*, 2005).

Tres sistemas de amortiguación (buffers de corrida) son generalmente utilizados: TBE (Tris Boratos EDTA), TAE (Tris Acetatos EDTA) (INE México, 2011) y TPE

(Tris Fosfato EDTA) (Weising *et al.*, 2005). Estos tampones presentarán el pH requerido y los iones necesarios para que la corriente fluya y por tanto, el ADN pueda migrar (INE México, 2011). De los tres sistemas, El TAE es el que presenta la menor capacidad de amortiguación. Mientras que, el TBE es el de mayor poder de amortiguación (Weising *et al.*, 2005).

4.7.2. GELES DE AGAROSA Y ACRILAMIDA

La elección del tipo de matriz a utilizar depende del tamaño de fragmentos que se desee separar (INE México, 2011). Fragmentos de ADN cuyo tamaño varía entre 100 a 10 000 pb son generalmente resueltos por electroforesis en gel de agarosa mientras que, fragmentos de 6 a 2000 pb son resueltos en geles de acrilamida (Weising *et al.*, 2005) Cuadro 11.

Según INE México (2011), una de las principales diferencias entre los geles de agarosa y acrilamida es que los geles de acrilamida forman poros más uniformes y de tamaño más pequeño; lo que explicaría su mayor resolución.

Cuadro 11: Rangos óptimos de separación en agarosa y acrilamida no denaturada.
FUENTE: Weising *et al.*, 2005.

Agarosa		Poliacrilamida	
Porcentaje	**Tamaño de fragmento (Kb)**	**Porcentaje**	**Tamaño de fragmento (Kb)**
0.3	5-60	3.5	100-2000
0.6	1-20	5.0	80-500
0.7	0.8-10	8.0	60-400
0.9	0.5-7	12.0	40-200
1.2	0.4-6	15.0	25-150
1.5	0.2-3	20.0	6-100
2.0	0.1-2		

Los geles de agarosa se preparan en concentraciones de 0.3 % a 2.5 % disolviendo la agarosa en buffer de corrida. Bajas concentraciones (0.4 a 0.8 %, a partir de 0.6 % el gel es difícil de manejar) se aplican para la corrida de ADN genómico intacto mientras que, 1.2 a 2 % se utilizan para el análisis de RAPDs, microsatélites, CAPS y RFLPs (Weising *et al.*, 2005).

Por otro lado, la poliacrilamida es preparada a partir de una mezcla de monoacrilamida y bisacrilamida cuya concentración está directamente relacionada al tamaño de poro de la matriz (Weising *et al.*, 2005). La copolimerización de ambos compuestos se basa en un mecanismo de radicales libres donde el radical persulfato proveniente del persulfato de amonio (APS) activa al tetrametil etilén diamina (TEMED), el cual a su vez activa al monómero de acrilamida para que polimerice (Macarulla, 2008). Este proceso es inhibido por el oxígeno (Weising *et al.*, 2005).

4.8 ANÁLISIS DE DATOS

4.8.1. GENERALIDADES

Para el año 1974 la sistemática botánica empezaba a reestructurarse y dejar la práctica intuitiva para pasar a responder las preguntas ¿cómo? y ¿por qué? durante sus clasificaciones. Es en este contexto que nace la taxonomía numérica y se establece como método válido para clasificar a los seres vivos (Crisci y López, 1983).

Se define a la taxonomía numérica como la evaluación numérica de la afinidad o similitud entre unidades taxonómicas y el agrupamiento de estas en taxones, basándose en el estado de sus caracteres (González, 1998). El enfoque de la taxonomía numérica comprende dos aspectos: el filosófico, basado en la teoría clasificatoria denominada "feneticismo" y las técnicas numéricas que son el camino operativo para aplicar dicha teoría (Crisci y López, 1983).

La aplicación de la taxonomía (ciencia de clasificación biológica) también se encuentra desarrollada por la taxonomía cladística o filogenética y la taxonomía evolutiva o tradicional (Crisci y López, 1983). Cada una de ellas con su posiciónfilosófica y unas técnicas numéricas que permiten operacionalizar dicha filosofía (Rodríguez, 2003). En este estudio se emplearon procedimientos pertenecientes a la taxonomía numérica.

4.8.2. APLICACIÓN DE LAS TÉCNICAS NUMÉRICAS

Las técnicas numéricas son una rama de la taxonomía numérica que mediante operaciones matemáticas calcula la afinidad entre unidades taxonómicas en base del estado de sus caracteres (Crisci y López, 1983). Según estos autores, los pasos elementales de estas técnicas son:

1. Elección de las unidades taxonómicas operativas (OTU),
2. Elección de los caracteres que describen al OTU,
3. Construcción de una matriz básica de datos (MBD),
4. Obtención de un coeficiente de similitud,

5. Construcción de la matriz de similitud,

6. Conformación de grupos y

7. Generalizaciones.

Este tipo de análisis permite agrupar individuos de acuerdo a la similitud relativa hallada en la comparación de las unidades taxonómicas operacionales (OTU)(Rodríguez, 2003). Esta comparación se realiza según la distribución de los caracteres seleccionados entre los individuos evaluados y se expresa numéricamente como un coeficiente de similitud. De aquí la importancia del número y elección de caracteres a analizar.

a. Elección de las OTU

El primer paso en cualquier proceso clasificatorio consiste en elegir las unidades a clasificar, es decir las OTU. La elección de estas unidades dependerá, en gran medida, de la estrategia y objetivos del trabajo taxonómico (Crisci y López, 1983). Según estos mismos autores, la única regla para este paso es que cada una de las OTU deben ser internamente lo más homogéneas posibles.

b. Elección de caracteres taxonómicos

Todo proceso clasificatorio se basa en las diferencias existentes entre los objetos a clasificar. En este caso, estas diferencias serán evaluadas de acuerdo a los caracteres (propiedades que varían en las OTU) seleccionados.

Estos caracteres taxonómicos deben ser evaluados de manera objetiva y precisa. Es decir, los estados de estos caracteres deben ser considerados y evaluados como datos científicos (Crisci y López, 1983). Además, para incrementar su objetividad y precisión deberán ser expresados cuantitativamente de modo que con ellos se puedan realizar cálculos. De allí que, aunque los datos no midan relaciones cuantitativas estos deben ser codificados y transformados a datos cuantitativos (Crisci y López, 1983).

Existen distintos tipos de datos, entre ellos tenemos los datos doble estado o binarios. Que se presentan solo cuando el carácter puede tomar dos estados que habitualmente se codifican como "0" ó "1" (Echenique *et al.*, 2004). Además, los datos binarios pueden indicar: presencia/ausencia y estados excluyentes (Crisci y López, 1983). En este estudio se hará uso de datos doble estado de presencia/ausencia.

c. Construcción de la matriz básica de datos (MBD)

Los datos obtenidos se presentan en forma de una tabla denominada MBD. Esta es una matriz n x t (Figura 8) donde las "n" columnas representan los caracteres y las "t" filas las OTU y cada casillero X_{ij} representa el valor del carácter "i" en la OTU "j" (Crisci y López, 1983).

<table>
<tr><th colspan="2" rowspan="2">MBD</th><th colspan="5">Caracteres</th></tr>
<tr><th>1</th><th>2</th><th>3</th><th>...</th><th>n</th></tr>
<tr><td rowspan="7">OTU</td><td>1</td><td>X_{11}</td><td>X_{21}</td><td>X_{31}</td><td>...</td><td>X_{n1}</td></tr>
<tr><td>2</td><td>X_{12}</td><td>X_{22}</td><td>X_{32}</td><td>...</td><td>X_{n2}</td></tr>
<tr><td>3</td><td>X_{13}</td><td>X_{23}</td><td>X_{33}</td><td>...</td><td>X_{n3}</td></tr>
<tr><td>⋮</td><td>⋮</td><td>⋮</td><td>⋮</td><td>⋮ ⋮ ⋮</td><td>⋮</td></tr>
<tr><td>t</td><td>X_{1t}</td><td>X_{2t}</td><td>X_{3t}</td><td>...</td><td>X_{nt}</td></tr>
</table>

Figura 8: Matriz básica de datos (MBD), donde X_{nt} corresponde al valor del carácter "n" para la OTU "t". FUENTE: Crisci y López, 1983.

d. Estimación del parecido taxonómico: coeficientes de similitud

El parecido o similitud respecto a cada par posible de OTU de una MBD es cuantificado aplicando un coeficiente de similitud (Crisci y López, 1983). Según los mismos autores estos coeficientes están divididos en tres grandes grupos: de distancia, correlación y de asociación.

Para datos binarios es usual trabajar con medidas de asociación (Echenique *et al.*, 2004). Para caracterizar a dos OTU con estas medidas, se consideraran cuatro valores (Crisci y López, 1983):

a: número de caracteres que están presentes en ambos OTU (1,1);

b: número de caracteres que están presentes en la primera OTU mas no en la segunda OTU (1,0);

c: número de caracteres que están ausentes en la primera OTU más no en la segunda OTU (0,1);

d: número de caracteres ausentes en ambas OTU.

Donde, la suma de a, b, c y d son el número total de caracteres utilizados.

Tenemos varios tipos de coeficientes de asociación (Cuadro 12), algunos de ellos no toman en cuenta a d (0,0) como elemento que aporta a la similitud (Echenique *et al.*, 2004).

Cuadro 12: Tipos de coeficientes de asociación, nombres, formulas, tipos de datos necesarios y valores máximos y mínimos de similitud. FUENTE: Crisci y López, 1983.

Tipo de coeficiente	Nombre	Formula	Tipo de dato sobre los que se aplica	Máxima similitud	Mínima similitud
Asociación	Simple matching	$\dfrac{a + d}{a + b + c + d}$	Doble-estado	1	0
	Jaccard	$\dfrac{a}{a + b + c}$			
	Rogers y Tanimoto	$\dfrac{a + b}{+ (2b) + (2c) + d}$			
	Dice	$\dfrac{2a}{2a + b + c}$			
	Sokal y Sneath	$\dfrac{2(a + d)}{2(a + d) + b + c}$			
	Hamann	$\dfrac{(a + d) - (b + c)}{a + b + c + d}$		1	-1

e. Matriz de similitud

Los resultados obtenidos de la aplicación de cualquiera de los coeficientes de similitud para los pares posibles de OTU ordenados en forma tabular constituyen la matriz de similitud (Figura 9). Hay que tener en cuenta que la matriz de similitud solo expone similitudes entre pares de OTU (Crisci y López, 1983).

Ya que la similitud entre la OTU 1 y OTU 2 (S_{12}) es la misma que S_{21}, el triángulo superior de nuestra matriz de similitud será espejo del inferior. Por tanto, no será necesario volver a colocar los datos.

MS		OTU				
		1	2	3	...	T
OTU	1	S_{11}				
	2	S_{12}	S_{22}			
	3	S_{13}	S_{23}	S_{33}		
	⋮	⋮	⋮	⋮	⋮	
	t	S_{1t}	S_{2t}	S_{3t}	...	S_{tt}

Figura 9: Matriz de similitud entre OTU, obsérvese que el valor de la diagonal principal representa a cada OTU comparado consigo mismo. Este valor corresponde a la máxima similitud. FUENTE: Crisci y López, 1983.

f. Análisis de agrupamiento

Mediante este análisis se procede a la formación de grupos de OTU que sean similares entre sí y diferentes a los elementos de los otros grupos. Expresando de esta manera, relaciones entre la totalidad de OTU examinados (Crisci y López, 1983).

Existen muchas técnicas para formar los grupos. Una de las más usadas son las técnicas jerárquicas que pueden, a su vez, ser aglomerativas o divisivas. Esta última, va formando los grupos partiendo de un gran conjunto que contiene todos los OTU. Por el contrario, las aglomerativas empiezan considerando tantos grupos como elementos se tienen y se van agrupando según su grado de parecido (Echenique *et al.*, 2004).

Una vez realizado el primer agrupamiento, la distancia entre ese grupo y los restantes se calculará mediante el ligamiento simple, completo o promedio (Echenique *et al.*, 2004). En el caso del ligamiento simple, se toma en cuenta que el valor de similitud entre el OTU candidato y el grupo o núcleo ya formado es igual a la similitud entre el candidato y la OTU integrante del núcleo más parecida a ella, en otras palabras el de mayor valor de similitud. Caso contrario ocurre en el ligamiento completo donde,el valor de similitud entre el OTU candidato y el grupo o núcleo ya formado es igual ala similitud entre el candidato y la OTU integrante del núcleo menos parecida a ella, en otras palabras el de menor valor de similitud. En el caso del ligamiento promedio, se considera que el valor de similitud entre OTU a incorporarse y el núcleo es igual al promedio resultante de los valores de similitud entre el candidato y cada uno de los integrantes del núcleo. Si el candidato a incorporarse es un grupo o núcleo, el valor de similitud será el promedio de los valores de similitud entre los pares posibles de OTU provenientes uno de cada grupo (Crisci y López, 1983).

Según los mismos autores, el ligamiento promedio más utilizado es la media aritmética no ponderada (UPGMA). Además, en el UPGMA al calcular las matrices derivadas (son matrices que se obtienen en cada paso del agrupamiento) se vuelve siempre a la matriz de similitud original.

Para mayor información sobre la técnica operativa y posterior construcción de fenogramas consultar Crisci y López, 1983.

g. Representación gráfica de las técnicas de análisis de agrupamiento

La estructura taxonómica obtenida de la matriz de similitud con las técnicas de análisis de agrupamiento puede representarse gráficamente como un fenograma. El cual, es un diagrama arborescente que muestra la relación en grado de similitud entre dos OTU o grupos de OTU (Crisci y López, 1983).

V.- MATERIALES Y MÉTODOS

El trabajo de investigación se realizó en el laboratorio de Marcadores Moleculares y tinglado del Programa de Cereales y Granos Nativos de la Universidad Nacional Agraria La Molina, durante los meses de agosto del 2010 a marzo 2012.

5.1. MATERIAL VEGETAL

El material vegetal consistió en semillas agrupadas en accesiones. Las siete accesiones de tarwi (*Lupinus mutabilis)* utilizadas en el presente estudio fueron seleccionadas al azar a partir de una población total de 34 accesiones pertenecientes al banco de germoplasma del INIA.

La colección del germoplasma de *Lupinus* (34 accesiones) fue ejecutada por cuatro técnicos del INIA en 1985, 1986, 1988, 1992, 1993 y 1995 en la zona andina de Perú y Bolivia entre los 2500 y 3800 msnm. Posteriormente, fueron regeneradas en el valle del Mantaro mediante técnicas utilizadas por el CIMMYT, CIAT y el Programa deCereales y Granos Nativos.

Las siete accesiones analizadas provienen de tres departamentos del Perú: Ancash, Cajamarca y La Libertad (Figura 10), entre los 2500 y 3700 msnm (Cuadro 13). La muestra de cada accesión analizada estuvo comprendida por 13 individuos.

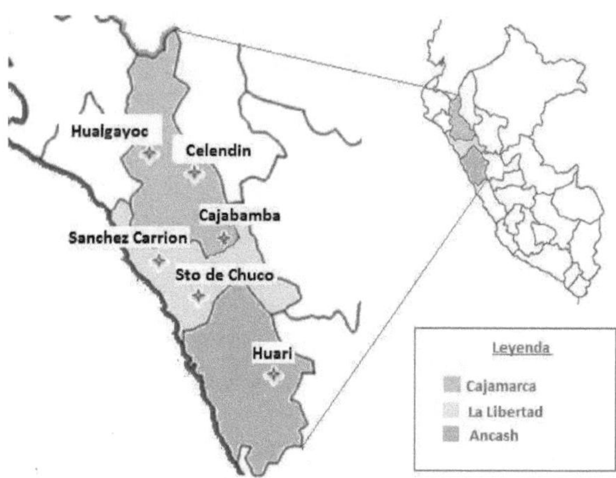

Figura 10: Zonas de colecta de las 7 accesiones de tarwi (*L. mutabilis*) utilizadas en el presente estudio.

Cuadro 13: Datos pasaporte de las 7 accesiones de *L. mutabilis* utilizadas en el presente estudio.

Código	Accesión	Departamento	Provincia	Distrito	Altitud	Latitud	Longitud
Ta- 08	3275	Ancash	Huari	Huari	3150	09° 20'43''	77° 10'00''
Ta- 14	3335	Cajamarca	Cajabamba	Cajabamba	2500	07° 07'55''	78° 15'40''
Ta- 15	3342	La Libertad	Sanchez Carrion	Kayra	3350	07° 34'49''	78° 03'59''
Ta- 17	3462	Cajamarca	Cajabamba	Piedra Grande	2800	07° 35'50''	77° 55'21''
Ta- 22	6143	Cajamarca	Celendin	Jose Galvez	2850	06° 42'45''	78° 12'45''
Ta- 26	5919	Cajamarca	Hualgayoc	Shitamayo	3100	06° 14'33''	78° 36'26''
Ta- 33	4921	La Libertad	Sto de Chuco	Muchacada	3700	08° 09'57''	78° 11'10''

5.2. REACTIVOS Y MATERIALES DE LABORATORIO

A continuación se enumeran los reactivos y materiales utilizados según la fase de laboratorio en la que se encuentre el estudio. La preparación de los reactivos resaltados en negrita se detalla en el Anexo 1.

Fase de laboratorio	Reactivos	Materiales	
		Herramientas	Equipos
1. Colecta, secado y molienda de material vegetal	• Sílicagel	• Bolsas ziploc • Pinzas • Tubos eppendorf de 1.5ml • Billas de metal	• Molino Mill 200 para muestras secas
2. Extracción y resuspensión de ADN	• **Tampón de extracción** • Etanol al 96 % y 70 % • Cloroformo- Alcohol isoamílico (24:1) • **Tampón Tris EDTA (TE) pH 8**	• Tubos eppendorf de 1.5ml • Pipetores de 1000 µl y 100 µl • Puntas plásticas de 100 y 1000 µl	• Centrífuga • Termomixer (Eppendorf) • Campana extractora de gases
3. Medida de la pureza y concentración del ADN	• **RNAsa 10 mg/ml** • Agua MiliQ	• Pipetores de 100 µl y 200 µl • Puntas plásticas de 100 µl y 200 µl • Placa para PCR • Cubetas de cuarzo • Papel tissue	• Termomixer (Eppendorf) • Biofotómetro (Eppendorf) • Purificador de agua
4. Medida de la calidad del ADN	• Agarosa 1% • Bromuro de etidio • **Tampón de carga** • **Buffer de corrida TBE** 1x • Agua miliQ	• Pipetor de 10 µl con sus puntas plásticas • Cámara de electroforesis horizontal • Peines	• Agitador magnético (Heidolph) • Fuente de poder (BIO-RAD power pac 300) • Gel Doc 2000 (BIO-RAD)
5. Amplificación del ADN	• 5 mM dNTPs • Set de iniciadores ISSR 10 µM (Cuadro 14) • Enzima Taq- DNA polimerasa 5 U/µl	• Pipetores de 10, 100 y 200 µl con sus respectivas puntas plásticas • Placas para PCR	• Termociclador Eppendorf *Mastercycle gradient 96*

		Vidrios con y sin muesca	
	• Buffer PCR ((NH₄) SO₄) 10x y 25mM MgCl₂ • Agua miliQ • Aceite mineral		
6. Electroforesis en gel de acrilamida	• **Acrilamida: Bis-acrilamida (19: 1) al 6%** • Tetramethylethylenedia mine • Persulfato de amonioal 10% • Repelente REINEX • **Adherente** • Alcohol al 96% • **Buffer de corrida TBE** 1x y 0.5X • 100 bp DNA Ladder Plus.	• Vidrios con y sin muesca • Peines • Separadores • Pipetores de 1000 y 200 µl con sus respectivas puntas plástica • Cámara de electroforesis vertical	• Fuente de poder
7. Fijación, tinción y revelado	• **Solución de Fijación, tinción y revelado** • Agua miliQ	• Bandejas de plástico	
8. Evaluación de bandas		• Fluorescente pequeño	
9. Otros		• Gradillas para tubos • Recipientes de vidrio y plástico • Probetas de 50, 100 y 1000 ml • Beakers de: 1000, 500, 250, 100 y 50 ml • Picetas • Guantes de nitrilo y vinilo • Papel toalla • Papel platino • Parafilm • Materiales de escritorio • Programa Quantity One	• Balanza analítica • Autoclave • Congelador -20 °C • Refrigeradora 4 °C • Horno microondas • Computadora • Escáner • Vortex (Heidolph) • Potenciómetro

5.3. MÉTODOS

5.3.1. SIEMBRA Y CULTIVO DE ACCESIONES DE *L. mutabilis*

Veinte semillas de cada accesión fueron sembradas en pequeñas macetas, codificadas, conteniendo tierra vegetal y musgo como sustrato. Se utilizaron dos macetas por accesión con diez semillas cada una.

Todo este material fue cultivado bajo condiciones de tinglado en el Programa de Cereales y Granos Nativos de la UNALM.

5.3.2. **RECOLECCIÓN DEL MATERIAL VEGETAL, SECADO Y MOLIENDA**

Luego de cultivar las accesiones de interés por tres semanas, se procedió a recolectar 26 hojas jóvenes de trece individuos por accesión (2 hojas jóvenes por individuo). Este material fue almacenado por separado en bolsas plásticas (una bolsa plástica por individuo), codificadas, conteniendo silicagel para deshidratar los tejidos vegetales con relativa rapidez, evitando la oxidación de los tejidos y la degradación catalítica del ADN. El material vegetal permaneció en silicagel gel por dos días. Posteriormente, fue transferido a tubos eppendorf de 1.5 ml que contenían ocho billas de metal previamente autoclavadas.

Para la molienda se hizo uso de un molino Mill 200 para muestras secas. Las muestras fueron molidas a 300 rpm durante 6 minutos.

5.3.3. **EXTRACCIÓN Y PURIFICACIÓN DEL ADN**

Para analizar la variación intra-accesión, se extrajo por separado el ADN de trece individuos de cada accesión. La extracción se realizó de acuerdo al método micro CTAB establecido por Doyle and Doyle (1987) con algunas modificaciones realizadas en el área de Marcadores Moleculares del Programa de Cereales y Granos nativos.

El buffer de extracción incluyó CTAB al 2 %, 20 mM EDTA pH 8, 100 mM Tris HCl pH 8, 1.4 M NaCl y 1 % de β-mercaptoetanol (Anexo 1), se agregó 700 μl de este buffer a los tubos Eppendorf de 1.5 ml que contenían de 100 a 150 mg de muestra seca y molida. Se agitaron los tubos con delicadeza hasta que todo el tejido vegetal se encontró bañado por el buffer de extracción.

A continuación, las muestras fueron incubadas a 60 °C y 500 rpm cada 3minutos durante media hora en un Termomixer (Eppendorf).

Seguidamente, se agregó a cada muestra 700 μl de cloroformo-alcohol isoamílico (24:1) y luego de homogenizar la suspensión se procedió a centrifugarla a 13000 rpm por 10 minutos. Los 750 μl del sobrenadante obtenido fue transferido a tubos Eppendorf vacíos y se repitió el paso anterior.

Posteriormente, se transfirió el sobrenadante a tubos Eppendorf de 1.5 ml conteniendo 800 μl de etanol al 96 %, se mezcló suavemente el sobrenadante con el alcohol por 10 segundos y luego se precipitó el ADN centrifugando la muestra a 13000 rpm por 30 segundos. El pellet decantado fue lavado (con 800 μl de etanol al 70 %) y centrifugado dos veces más.

El pellet obtenido se dejó secar de un día para otro y fue resuspendido en 60 µl de buffer TE (Anexo 1). Finalmente, se eliminó el ARN de cada una de las muestras extraídas agregándoles 2 µl de RNAsa (10 mg/ml) e incubándolas a 37 °C por 45 minutos en un Termomixer (Eppendorf). Las muestras fueron almacenadas a -20 °C.

a. Medida de la pureza y concentración del ADN

La determinación de la pureza y concentración del ADN se realizó con ayuda de un Biofotómetro (Eppendorf). Para ello, se diluyó 2 µl de muestra en 198 µl de agua miliQ previamente autoclavada. Se utilizó como blanco 200 µl de agua miliQ autoclavada.

Las medidas de A_{260}/A_{280} (tasas de absorbancias a 260 nm sobre 280 nm) estimaron la pureza del ADN extraído. Según Karp *et al* (1998), este valor debe ser alrededor de 1.8 para considerar que nuestra muestra está libre de proteínas o fenoles. Además, según el mismo autor, el valor de A_{230} debe ser menor a A_{260} y puede ser similar a A_{280} para considerar que la muestra no contiene residuos fenólicos o depolisacáridos.

La concentración del ADN extraído (ng/µl) se obtuvo directamente del Biofotómetro (Eppendorf) mediante la siguiente fórmula empírica: A_{260} x 50 ng/µl x factor de dilución (198 µl/ 2 µl). Donde 50 ng/µl es por regla general la concentración de ADN cuando se tiene $A_{260} = 1.0$ (Karp *et al*, 1998).

b. Medida de la calidad del ADN

La calidad del ADN fue evaluada mediante electroforesis en gel de agarosa al 1 %. Para preparar el gel de agarosa se disolvió 1 g de agarosa en 100 ml de buffer TBE 1x, esta mezcla se hirvió en el microondas y se dejó enfriar hasta aproximadamente 60 °C. A continuación se agregó 3 µl de bromuro de etidio y finalmente, se vertió en el molde que ya tenía los peines.

Posteriormente, el gel ya gelificado se llevó a la cámara de electroforesis horizontal conteniendo buffer TBE 1x. Se procedió a cargar el gel con 10 µl correspondientes a 2 µl de muestra y 8 µl de tampón de carga. Las muestras fueron sometidas a 90 voltios por 30 minutos. Luego de este tiempo, el ADN fue visualizado y se capturó su imagen en el Gel Doc 2000 (BIO-RAD) por medio del programa Quantity One.

5.3.4. **AMPLIFICACIÓN DEL ADN**

Las muestras de ADN fueron diluidas a 10 ng/µl y se realizó la amplificación del ADN adaptando el protocolo desarrollado por Zietkiewicz *et al.* (1994). El mix de reacción para una muestra contenía: 3.5 µl de agua miliQ autoclavada; 1 µl de buffer PCR ((NH₄) SO₄) 10x; 0.5 µl de dNTP's (5mM); 1.2 µl de MgCl₂ (25mM); 0.5 µl de iniciador ISSR 10µM; 0.3 µl de Taq polimerasa (5 U/µl) y 3 µl de muestra de ADN (10ng/µl).

La reacción se llevó a cabo en un termociclador Eppendorf *Mastercycle gradient 96* mediante el programa ISSR48k estandarizado para los iniciadores del Cuadro 14 por el Laboratorio de Marcadores Moleculares del Programa de Cereales y Granos Nativos.

a. Programa de amplificación

El programa de amplificación ISSR48K consiste en: una primera desnaturalización a 94°C por 3 minutos, seguida de 39 ciclos de: desnaturalización (94°C por 30 segundos), hibridación (48°C por 45 segundos), extensión (72°C por 2 minutos) y una extensión final a 72°C por seis minutos.

b. PRE-selección de iniciadores ISSR

De los 42 iniciadores o primers ISSR (Cuadro 14) previamente evaluados (Barth *et al.*, 2002, Isshiki *et al.*, 2008 y Muthusamy *et al.*, 2008), 21 de ellos se eligieron para su posterior screening: iniciador Bor 5, Bor 7, 810, 811, 812, 813, 814, 815, 822, 823, 824, 834, 835, 841, 842, 844, 884, 887, 889, 890 y 891. La elección de estos iniciadores se basó en su naturaleza: repeticiones dinucleótidos (Barth *et al.*, 2002) preferentemente GA, AG, CA, que han reportado alto polimorfismo y patrones de bandas claras en plantas (Pradeep *et al.*, 2002) y han sido muy utilizados en diversos cultivos (e.g. arroz: Joshi *et al.*, 2000; frijol: Svetleva *et al.*, 2006; café: Ruas *et al.*, 2003); con número de repeticiones del motivo menor a 10 para optimizar la abundancia y distribución uniforme de este en el genoma (Ye *et al.*, 2005); preferentemente anclados, ya sea en el extremo 3'o 5' para su mayor especificidad y reproducibilidad (Barth *et al.*, 2002) ya que, el anclaje 3' permite el alineamiento específico del iniciador y la amplificación de bandas claras mientras que (Joshi *et al.*, 2000 y Pradeep *et al.*, 2002), el anclaje 5' incrementa la cantidad de bandas y polimorfismo por incluir las regiones microsatélite ysus variaciones de longitud (Fisher *et al.*, 1996 y Pradeep *et al.*, 2002); iniciadores de gran longitud, generalmente de 16-25 pb (Pradeep *et al.*, 2002) para mejor reproducibilidad (Wang *et al.*, 2008) y que además, permiten el uso de altas temperaturas de hibridación (45-60 °C) (Pradeep *et al.*, 2002) para la producción de patrones de banda claros y la eliminación de artefactos visualizados como barridos (Fisher *et al.*, 1996; Bornet y Branchard, 2001; Huang *et al.*, 2008; Yang *et al.*, 2008).

Utilizando el programa ISSR48K se procedió al screening de los 21 iniciadores ISSR antes mencionados. Para ello, se varió el primer o iniciador elegido en la mezcla de reacción y se trabajó con veinte muestras de ADN (10 ng/µl) seleccionadas al azar.

Posteriormente, se separaron los fragmentos amplificados utilizando electroforesis en gel de agarosa al 1.5 % (e.g. Ye *et al.*, 2005; Huang *et al.*, 2008;Sbabou *et al.*, 2010) durante dos horas. Luego de este tiempo, los fragmentos amplificados fueron visualizados y se capturó su imagen en el Gel Doc 2000 (BIO- RAD) por medio del programa Quantity One.

Diez iniciadores con patrones de bandas claras y polimórficos fueron seleccionados para el análisis de toda la población en estudio (Yorgancilar *et al*, 2009).

5.3.5. ELECTROFORESIS EN GEL DE ACRILAMIDA

Los fragmentos de ADN amplificados fueron separados en geles de poliacrilamida, cada uno de estos geles estuvo compuesto por 35 ml de acrilamida 19:1 al 6% (Anexo 1), 35 µl de TEMED y 350 µl de APS al 10%.

Luego de polimerizar, se retiró cuidadosamente los peines del gel y se lavó con abundante agua miliQ los pocillos. El lavado de los pocillos permite eliminar la acrilamida no polimerizada que interferiría durante la electroforesis.

En seguida, el gel fue llevado a la cámara de electroforesis vertical conteniendo buffer TBE 0.5x. Una vez en la cámara, se procedió a lavar los pocillos con buffer de corrida TBE 0.5x y se eliminaron las burbujas de la parte superior e inferior del gel. Seguidamente, se realizó la pre-corrida de este a 300 V, 120 mA y 40 W por 1 hora. Luego, el gel fue cargado con 3 µl de muestra previamente denaturada mediante el programa DENAT (un ciclo a 94 °C por 5 minutos). Para determinar el peso aproximado de las bandas, se empleó 1.5 µl de marcador de peso de 100 pb (GeneRuler ™ 100 bp DNA Ladder Plus) que corría junto con las muestras.

Para obtener bandas legibles (bien separas entre sí) así como la corrida uniforme de los fragmentos amplificados, se optimizó las condiciones de electroforesis mediante ensayo-error variando los tiempos de corrida y el voltaje aplicado. Las condiciones óptimas de corrida fueron: 150 V, 120 mA y 40 W por 16 h.

Cuadro 14: Iniciadores ISSR utilizados durante el screening. Según Zietkiewicz *et al.*, 1994, B= T/C/G, D= A/T/C, V=A/C/G, Y= C/T y H= A/T/C.

Iniciador		Secuencia 5'-3'	Iniciador		Secuencia 5'-3'
S 1	¿?	CGTTGTCTTCCCAACCCCACC	835	$(AG)_8YC$	AGAGAGAGAGAGAGAGYC
BOR 1	$GAGC(CAA)_5$	GAGCCAACAACAACAACAA	841	$(GA)_8YC$	GAGAGAGAGAGAGAGAYC
BOR 5	$(AG)_8$	AGAGAGAGAGAGAGAG	842	$(GA)_8YG$	GAGAGAGAGAGAGAGAYG
BOR 6	$(CCA)_5$	CCACCACCACCACCA	844	$(CT)_8RC$	CTCTCTCTCTCTCTCTRC
BOR7	$(AC)_8$	ACACACACACACACAC	861	$(ACC)_6$	ACCACCACCACCACCACC
BOR 8	$(CAC)_5$	CACCACCACCACCAC	862	$(ACG)_6$	AGCAGCAGCAGCAGCAGC
BOR 9	$(GCC)_5$	GCCGCCGCCGCCGCC	864	$(ATG)_6$	ATGATGATGATGATGATG
GUP-1	$(ACTG)_4$	ACTGACTGACTGACTG	865	$(CCG)_6$	CCGCCGCCGCCGCCGCCG
GUP 2-2	$(GACA)_4$	GACAGACAGACAGACA	866	$(CTC)_6$	CTCCTCCTCCTCCTCCTC
GUP3	$(GATA)_4$	GATAGATAGATAGATA	867	$(GGC)_6$	GGCGGCGGCGGCGGCGGC
GUP 4	$(GACAC)_4$	GACACGACACGACACGACAC	868	$(GAA)_6$	GAAGAAGAAGAAGAAGAA
810	$(GA)_8T$	GAGAGAGAGAGAGAGAT	876	$(GATA)_2(GACA)_2$	GATAGATAGACAGACA
811	$(GA)_8C$	GAGAGAGAGAGAGAGAC	878	$(GGAT)_4$	GGATGGATGGATGGAT
812	$(GA)_8{}^a$	GAGAGAGAGAGAGAGAA	879	$(CTTCA)_3$	CTTCACTTCACTTCA
813	$(CT)_8T$	CTCTCTCTCTCTCTCTT	880	$(GGAGA)_3$	GGAGAGGAGAGGAGA
814	$(CT)_8{}^a$	CTCTCTCTCTCTCTCTA	881	$(GGGTG)_3$	GGGTGGGGTGGGGTG
815	$(CT)_8G$	CTCTCTCTCTCTCTCTG	884	$HBH(AG)_7$	HBHAGAGAGAGAGAGAG
822	$(TC)_8A$	TCTCTCTCTCTCTCTCA	887	$DVD(TC)_7$	DVDTCTCTCTCTCTCTC
823	$(TC)_8G$	TCTCTCTCTCTCTCTCC	889	$DBD(AC)_7$	DBDACACACACACACAC
824	$(TC)_8G$	TCTCTCTCTCTCTCTCG	890	$VHV(GT)_8$	VHVGTGTGTGTGTGTGT
834	$(AG)_8YT$	AGAGAGAGAGAGAGAGYT	891	$HVH(TG)_9$	HVHTGTGTGTGTGTGTGTG

5.3.6. FIJACIÓN, TINCIÓN Y REVELADO DE GELES DE ACRILAMIDA

Para visualizar los productos de amplificación se utilizó la técnica de tinción con nitrato de plata. La cual consistió en tres pasos: fijación, tinción y revelado.

Después de la electroforesis, el gel de acrilamida fue sumergido en solución de fijación (Anexo 1) por 10 minutos y posteriormente en solución de tinción por otros 10 minutos. Luego de este tiempo, fue enjuagado con agua miliQ por 10 segundos y a continuación inmerso en solución de revelado (Anexo 1) hasta que los fragmentos de amplificación se visualizaron fácilmente. Finalmente, se paró la reacción sumergiendo el gel en la solución de fijación por 4 minutos y lavándolo con abundante agua de caño durante 5 minutos.

El gel se dejó secar de un día para otro antes de proceder a escanearlo y leerlo.

5.3.7. ANÁLISIS DE DATOS

Se asumió un mismo locus a los fragmentos de ADN de igual peso molecular y movilidad generados por un mismo iniciador (Xu y Sun, 2001; Ray y Roy, 2007), donde cada banda de un individuo, representó el fenotipo de un solo locus bialélico (2004 y Shi *et al.*, 2006; Bussell *et al.*, 2005, Ma *et al.*, 2008).

a. Lectura de geles

Se leyeron los fragmentos de ADN generados entre el rango de 3000 a 300 pb rango aceptable por la técnica de Sbabou *et al.*, (2010) (0.1-2.9 kpb) para el mismo género y encontrado en otras especies: de 0.4-2.3 kpb (Bisoyi *et al.*, 2010), 0.2-2.3 kpb (Mohsen y Ali, 2008), 0.4-2,0 kpb (Lu *et al.*, 2006) y 0.08-4.5 kpb (Joshi *et al.*, 2000). Los fragmentos amplificados se leyeron como datos binarios de presencia (1) - ausencia (0) y con ellos se formó la matriz básica de datos en Excel 2003. Se consideraron homólogas a las bandas que co-migraron en el gel (Karp *et al.*, 1996 y Weising *et al.*, 2005) como es común en el análisis de diversidad a bajos niveles taxonómicos (Bussell *et al.*, 2005). Por tanto, se descarta la posible homoplacia de tamaño que según Weising *et al.* (2005), es más común en las comparaciones interespecíficas.

b. Estimación del índice de contenido polimórfico (PIC)

Se identificó el iniciador más informativo mediante el contenido de información polimórfico (PIC) (Botstein *et al.*, 1980). En el caso de ISSR, $PIC=1-p^2-q^2$, donde p=frecuencia de la banda, q=frecuencia de no banda (Mohsen y Ali, 2008), con valores de 0 a 0.5.

c. Estimación de la variabilidad genética

Se calculó la variabilidad genética a nivel de accesión, mediante el porcentaje de loci polimórficos (P) que es el número de loci polimórficos entre el número total de loci por 100 (Legaria, 2010).

d. Estimación de las relaciones genéticas

Se estimaron las relaciones genéticas a nivel de accesión a partir de las matrices de similitud usando el coeficiente de similitud de Jaccard (1908). Ampliamente utilizado en el estudio de diversos cultivos (Real, 1999) como *Lupinus albus, L. angustifolius y L. luteus* (Yorgancilar *et al*, 2009).

Este coeficiente se eligió para minimizar la influencia de los fragmentos no homólogos (Bussell *et al.*, 2005). Es decir, la ausencia de amplificación de una determinada banda en 2 genotipos que no necesariamente representa la similitud genética entre ellos (Duarte *et al.*, 1999). Según Echenique *et al.* (2004), para datos de presencia ausencia es válido considerar que la coincidencia de ceros no aporta a la similitud debido a que puede estar generada por otros factores.

Se construyeron los fenogramas a partir del método de agrupamiento basado en distancias UPGMA (Unweighed Pair-Group Method with Arithmetic Averages) y Conglomerado Secuencial Aglomerativo, Jeráquico y Anidado (SAHN) (Sneath y Sokal, 1973) con el programa NTSYS v2.02 (Rohlf, 1998).

e. Análisis de diversidad genética y estructura poblacional

Con el fin de estimar la estructura poblacional y flujo genético, número de migrantes intercambiados entre las poblaciones por generación (Wang *et al.*, 2008). Así como corroborar las relaciones genéticas a nivel inter accesión, teniendo en cuenta que cada accesión analizada se tomó como una subpoblación y todas ellas como una sola población, se analizó la matriz básica de datos con el programa POPGENE versión 1.31 (Yeh *et al.*, 1999). La diversidad genética total (Ht) y dentro de las subpoblaciones (Hs) se midió mediante la heterocigosis esperada o diversidad genética de Nei y el porcentaje de bandas polimórficas (PPB); mientras que, la diferenciación genética entre ellas se estimó por medio del coeficiente de diferenciación genética Gst (Nei, 1973). El cual está relacionado con el flujo genético (Nm) mediante la siguiente fórmula: 0.5 (1 - Gst)/Gst (Nei, 1987). Todos estos cálculos suponen que la población se encuentra en equilibrio Hardy Weinberg. Además, basados en las distancias genéticas de Nei (Nei, 1978) se construyó un dendograma de las accesiones en estudio mediante el método de agrupamiento basado en distancias UPGMA (Unweighed Pair-Group Method with Arithmetic Averages) con el programa POPGENE versión 1.31 (Yeh *et al.*, 1999).

VI. RESULTADOS Y DISCUSIONES

6.1. DETERMINACIÓN DE LOS INICIADORES PARA EL ANÁLISIS DE LAS SIETE ACCESIONES DE *L. mutabilis*

Un total de 21 iniciadores fueron elegidos para su posterior screening (Vercapítulo 5.3.3.2) De todos ellos, los que presentaron repeticiones GA, AG, CA, AC, GT y TG con o sin anclajes 5'o 3' mostraron un alto grado de polimorfismo y por tanto abundancia en el genoma de esta especie resultado congruente con el encontrado por Hakki *et al.*, 2007 en *L. albus* y Sbabou *et al.*, 2010 en el análisis de *Lupinus albus, L. luteus, L angustifolius y L. consetinii*. Sin embargo, las muestras utilizadas para el screening que amplificaron con el iniciador (GA)$_8$C (iniciador 811) no amplificaron con (GA)$_8$T (iniciador 810) y mostraron bajo polimorfismo con (GA)$_8$A (iniciador 812) lo que probablemente indicaría que el microsatélite (GA)$_8$ esté flanqueado en el extremo 3'por "C" o "A", en menor medida, y no por "T" en las muestras amplificadas. No se examinó ningún iniciador con repetición (GA)$_8$ anclada en el extremo 3' por "G" por lo que no se descarta la presencia de este nucleótido en el extremo 3' flanqueando el microsatélite (GA)$_8$.

La selección de los iniciadores posteriormente utilizados para el análisis de toda la población, se basó en el patrón de bandas claras y polimórficas (Yorgancilar *et al*, 2009) que se visualizaron en los geles de agarosa. Es por ello, que se descartó el uso del iniciador (AC)$_8$ (iniciador BOR 7) pues, presentó un patrón de bandas poco nítido al igual que los iniciadores con repeticiones CT y TC. Según Joshi *et al.* (2000), lapresencia del barrido es común en iniciadores no anclados sin embargo, este aspecto negativo puede contrarrestarse aumentando la temperatura de hibridación al momentode la amplificación (Bornet y Branchard, 2001). Por otro lado, el patrón de bandas poco nítido de los iniciadores con repeticiones CT y TC pudo deberse a la temperatura de hibridación que según Astarini *et al.* (2006), es uno de los factores principales que determinan la calidad de los patrones de banda.

Un total de 10 iniciadores se seleccionaron para el estudio: 811(e.g. Jian *et al.*, 2004; Su *et al.*, 2008; Zhu *et al.*, 2011), 834 (e.g. Zhao *et al.*, 2006; Svetleva *et al.*, 2006; Nascimiento *et al.*, 2010), 835 (e.g. Joshi *et al.*, 2000; Jian *et al.*, 2004; Chen *etal.*, 2008), 841 (e.g. Cao *et al.*, 2006; Kothera *et al.*, 2007; Aguilera *et al.*, 2011), 842 (e.g. Su *et al.*, 2008; Chen *et al.*, 2008), 884 (e.g. Isshiki *et al.*, 2008), 889 (e.g. Hatcher *et al.*, 2004; Wang *et al.*, 2008), 890 (e.g. Hatcher *et al.*, 2004; Kothera *et al.*, 2007),

891 (e.g. Roh *et al.*, 2007; Wang *et al.*, 2008) y BOR5 (e.g. Hakki *et al.*, 2007; Sbabou *et al.*, 2010). De los cuales, el iniciador BOR5 (Hakki *et al.*, 2007, Sbabou *et al.*, 2010), 842 y 841 (Talhinhas *et al.*, 2003) han sido efectivamente utilizados en especies del género *Lupinus* mientras que, los iniciadores 841, 834 y 811 fueron ampliamente utilizados en diversos cultivos.

6.2. DETERMINACIÓN DEL INICIADOR MÁS INFORMATIVO Y POLIMÓRFICO

Según Hollingsworth y Ennos (2004), dos estrategias son aplicables en el análisis de la estructura genética utilizando marcadores dominantes: La primera consiste en el análisis de un gran número de accesiones utilizando pocos iniciadores mientrasque, la segunda en analizar pocas accesiones y un gran número de loci. En este estudiose hizo uso de la segunda estrategia analizando un total de 247 loci. Valor que según el mismo autor, se encuentra dentro del rango de loci comúnmente analizados en estudios de diversidad genética utilizando marcadores dominantes. Además, un promedio de 55.2% de loci fueron monomórficos, valor que superó el mínimo requerido (20%) como control de homología (Bussell *et al.*, 2005).

La frecuencia de bandas o marcadores ISSR por iniciador fue de 24.7 bandas en promedio. El 44.8% del total de loci analizados fueron marcadores ISSR o loci polimórficos. Ya que se analizaron las siete accesiones por separado (Anexo 2: Número y porcentaje de bandas polimórficas por accesión e iniciador) se calculó un promedio de loci polimórficos por iniciador para toda la población de *L. mutabilis* (91 individuos pertenecientes a las siete accesiones analizadas) en estudio (Cuadro 15).

En el Cuadro 15 se puede apreciar que el iniciador más informativo o según Muthusamy *et al.* (2008), de mayor eficiencia para detectar loci polimórficos a través de la población analizada fue 834 (PIC= 0.39) seguido por los iniciadores 841, 835 y BOR5 todos con PIC= 0.36. Asi mismo, se ha observado que la proporción del motivo $(GA)_n$ (revelada por el promedio de bandas o loci generados por iniciadores que contenían este motivo) fue mucho mayor que la de $(AC)_n$, $(GT)_n$ y $(TG)_n$ y similar a $(AG)_n$ (Cuadro 15). Dato que concuerda con lo reportado por Sbabou *et al.* (2010) donde $(GA)_n$ presentaba una proporción mayor que $(AC)_n$ en el genoma de *Lupinus albus, L. cosentinii* y *L. luteus* y que según el mismo autor, ha sido descrita en varias especies de plantas (e.g. arroz: Joshi *et al.*, 2000; oca: Pissard *et al.*, 2006). Cabe señalar que la abundancia del microsatélite $(GA)_n$ aparentemente está relacionada con la regulación de la expresión genética en plantas y animales (e.g. Santi *et al.*, 2003; Core y Lis, 2008).

Debido a que el microsatélite $(AG)_n$ ha demostrado estar ampliamente distribuido en el genoma de *Lupinus* sp. (Hakki *et al.*, 2007 y Sbabou *et al.*, 2010) y a que los iniciadores sin anclaje no son selectivos a ciertas regiones blanco, como los iniciadores anclados, condición que les permite amplificar las regiones blanco de iniciadores anclados en el extremo 3' y las que estos no pueden amplificar por su selectividad (Joshi *et al.*, 2000), se esperaría que el iniciador BOR5 sea más polimórficoque los iniciadores 834 y 835. Sin embargo, los resultados muestran lo contrario (Cuadro 15) condición que ya ha sido reportada por Hakki *et al.* (2007) donde el porcentaje de polimorfismo de BOR5 (P= 88.8%) fue menor al encontrado por $(AG)_8CG$ (P= 100%) en *L. albus* y que según Bornet y Branchard (2001), podría estar relacionado a la temperatura de hibridación ya que, la mayor riqueza de los patrones de bandas en iniciadores no anclados está determinada por la alta temperatura de hibridación (Ta) que debe ser mucho mayor a la temperatura de melting (Tm) pero notan restrictiva como para inhibir la amplificación (Fisher *et al.*, 1996). Esta condición nose cumplió para el iniciador antes mencionado ya que la Tm (49.2°C) fue mayor a la Ta (48°C). Por tanto, este factor pudo influir en el polimorfismo del iniciador BOR5 que se reportó mayor en *Lupinus albus*: P= 88.8% a Ta= 49.2°C (Hakki *et al.*, 2007) y *Lupinus* sp.: P= 100% a Ta= 49.2°C (Yorgancilar *et al.*, 2009). Por otro lado, el iniciador más polimórfico y anclado en el extremo 5' fue el 884 (%P=52.4) cabe resaltar que este presenta en su estructura la repetición AG.

Como se evidencia en el Cuadro 15, los iniciadores con repeticiones $(GA)_8$, $(AG)_8$ y $(AG)_7$ fueron los más polimórficos e informativos en comparación de todos los iniciadores utilizados en este estudio, con excepción del iniciador 842 (P= 27.7%). Además, mostraron los mejores patrones de bandas (Figura 11) coincidiendo con los reportes de Prevost y Wilkinson (1999), Joshi *et al.* (2000) y Girma *et al.* (2010) en cultivos de papa y los dos últimos en arroz.

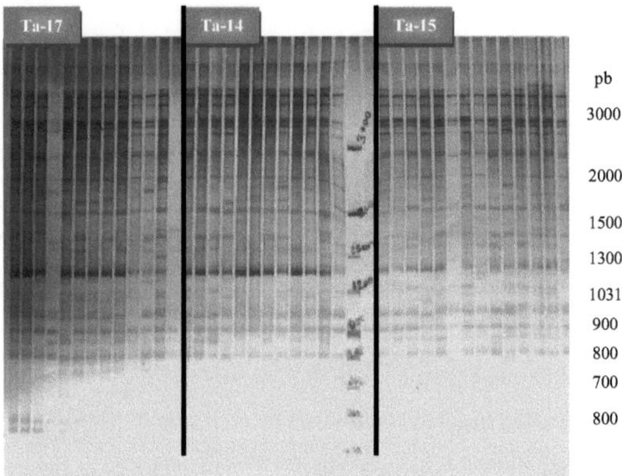

Figura 11: Patrón de bandas de iniciador 841 en gel de poliacrilamida 6% para accesiones Ta-17, Ta-14 y Ta-15 de *L. mutabilis* utilizando marcador de peso de 100pb.

Comparando los resultados con otros cultivos, a temperaturas de hibridación similares, el iniciador 889 presentó un porcentaje de polimorfismo mayor al reportado por Aguilera *et al.* (2011) en tomate (P= 15.38%) pero mucho menor que el reportado por Wang *et al.* (2008) en *Gynostemma pentaphyllum* con un 100% de loci polimórficos. Del mismo modo, el iniciador 841 produjo mayor polimorfismo que el encontrado por Aguilera *et al.* (2011) en tomate (P= 22.22%), próximo al reportado en judía de arroz (P= 68.75%) por Muthusamy *et al.* (2008) pero menor al encontrado por Rabelo *et al.* (2011) en papaya con 8 de 8 bandas (P= 100%). Asimismo, los iniciadores 842 y 811 presentaron menor polimorfismo que el reportado por Su *et al.* (2008) en *Apterosperma oblata* (P= 57.14% y P= 92.86% respectivamente) pero este último,mayor polimorfismo que judía de arroz (P= 16.67%) (Muthusamy *et al.*, 2008). Mientras que, el iniciador 835 reportó mayor polimorfismo que en tomate (P= 22.22%) (Aguilera *et al.*, 2011). Además, el iniciador 834 produjo mayor polimorfismo que los reportados por Venkatachalam *et al.* (2008) en banano con 5 de 13 bandas polimórficas (P=38.46%), Muthusamy *et al.* (2008) en judía de arroz con 6 de 26 (P= 23.08%) yZhao *et al.* (2006) en mora con 2 de 3 (P= 66.7%). Por otro lado, a mayor temperaturade hibridación (Ta= 58) los iniciadores 890 y 891 reportaron mayor porcentaje de polimorfismo (P= 100%) con 21 y 17 bandas respectivamente en berenjena (Isshiki *et al.*, 2008).

El PIC del iniciador 834 fue mayor al encontrado por Muthusamy *et al.* (2008) en la población de 100 individuos de judía de arroz (PIC= 0.058) lo que demostraría la mayor eficiencia de este iniciador para detectar loci polimórficos en la población (de 91 individuos) de *L. mutabilis* que de judía de arroz.

Cuadro 15: Polimorfismo de productos de amplificación de las siete accesiones de *L. mutabilis*. Donde PIC: Índice de contenido polimórfico y %P: porcentaje de loci polimórfico.

Iniciador	Secuencia 5'-3'	PIC promedio	Promedio de loci polimórficos	Total de loci	%P
BOR5	(AG)$_8$	0.36	7.3	16	45.6
811	(GA)$_8$C	0.32	9.3	18	51.6
834	(AG)$_8$YT	0.39	20.4	29	70.4
835	(AG)$_8$YC	0.36	13.6	28	48.5
841	(GA)$_8$YC	0.36	22.0	36	61.1
842	(GA)$_8$YG	0.31	8.6	31	27.7
884	HBH(AG)$_7$	0.34	12.6	24	52.4
889	DBD(AC)$_7$	0.34	5.1	17	30.3
890	VHV(GT)$_8$	0.22	3.4	25	13.7
891	HVH(TG)$_7$	0.32	8.4	23	36.7
Total de iniciadores	-		110.7	247	44.8

6.3. ANÁLISIS DE LA VARIABILIDAD GENÉTICA INTRA-ACCESIÓN DE LAS SIETE ACCESIONES DE *Lupinus mutabilis* Sweet.

De las siete accesiones analizadas, el porcentaje de bandas polimórficas (%P) mostró que la accesión de mayor variabilidad genética fue Ta33 (P= 53.9%) seguida de Ta22 (P= 49.4%), Ta27 y Ta16 ambas con P= 43.7% (Cuadro 16). La diversidad genética del cultivo de tarwi expresada en porcentaje de loci polimórficos (P= 44.8%) reflejó la naturaleza de su sistema de apareamiento predominantemente autógamo pero con cierto grado de alogamia (Sevilla y Holle, 2004) como es común en especies de *Lupinus* (eg. *L. albus*: Horovitz y Harding, 1983). Es decir, un sistema mixto que le proporciona mayor diversidad comparada con plantas autógamas (e.g. *Amaranthus tricolor*: P=34%, Xu y Sun, 2001; frijol: P= 36,67%, Svetleva *et al.*, 2006; arroz: P= 28.0%, Girma *et al.*, 2010) pero menor con respecto a especies alógamas (eg. rabanito: P= 85.2%, Liu *et al.*, 2008; coliflor: P=70,77%, Astarini *et al.*, 2006). Según Barrett (2003), la variación genética entre especies de plantas generalmente refleja diferenciasen el sistema de apareamiento ya que éste está íntimamente relacionado con el flujo genético. Según el mismo autor y Garris *et al.* (2005), las especies autógamas muestran baja dispersión de polen entre poblaciones lo que conlleva a una reducción de la diversidad genética dentro de la población. Por tanto, la alta variabilidad genética dentro de las accesiones analizadas pudo deberse a su sistema de apareamiento mixto; sin descartar la influencia del manejo de las accesiones durante su regeneración (tema que se tratará con profundidad en el siguiente capítulo). Estos niveles de variabilidad sugerirían la supervivencia de la especie frente a nuevas presiones de selección por cambios ambientales (Ma *et al.*, 2008). Sin embargo, no se descarta la perdida de variabilidad genética por deriva génica (Jin y Li, 2007) durante su regeneración.

Cuadro 16: Polimorfismos de productos de amplificación de las siete accesiones de *L. mutabilis* para cada accesión. Donde, %P: porcentaje de loci polimórfico.

Accesión	Número total de loci	Número de loci polimórficos	%P
Ta08	247	100	40.5%
Ta14	247	98	39.5%
Ta15	247	106	43.0%
Ta17	247	108	43.7%
Ta22	247	122	49.4%
Ta26	247	108	43.7%
Ta33	247	133	53.9%
Promedio	247	110.7	44.8%

Análisis realizados en otras especies de *Lupinus* utilizando marcadores ISSR han demostrado mayor porcentaje de polimorfismo que en *L. mutabilis* (eg. *L. albus*: P= 88.9%, Hakki *et al.*, 2007; *L. cosentinii*: P= 100%, Sbabou *et al.*, 2010) esto muy probablemente se deba al número y tipo de iniciadores utilizados (con variados motivos y anclajes) así como, al tamaño del genoma analizado. Ya que la variabilidad de los marcadores influyen en la medición de la variabilidad genética (Eckert y Barrett, 1993), probablemente el uso de una mayor cantidad y variedad de iniciadores por Hakki *et al.*, 2007 y Sbabou *et al.*, 2010 permitió la amplificación de marcadores no ligados a una región específica del genoma y por tanto, el análisis de gran parte de éste y no sólo de una región (Barth *et al.*, 2002). En contraste, en este estudio se utilizó iniciadores con el mismo motivo y número de repeticiones pero diferente secuencia en el ancla, esto sumado al tamaño del genoma de *L. mutabilis* (0.95 pg/1C) (Naganowska *et al.*, 2003) mayor que otras especies de *Lupinus* como *L. albus* (0.6 pg/1C) (Hajdera *et al.*, 2003) y

L. princei (0.5 pg/1C) (Naganowska *et al.*, 2003), posiblemente influyó en la proporción de genoma analizado.

6.4. ANÁLISIS DE LAS RELACIONES GENÉTICAS INTRA E INTER ACCESIÓN DE LAS SIETE ACCESIONES DE *Lupinus mutabilis* Sweet.

Con el fin de estimar las relaciones genéticas dentro y entre las accesiones estudiadas, se construyeron fenogramas basados en similitudes genéticas (considerando 247 loci) para cada accesión (Anexo 3) y entre ellas; utilizando el coeficiente desimilitud Jaccard (1908). Cabe resaltar que este coeficiente ha sido ampliamente utilizado en el análisis de especies del mismo género como *Lupinus albus*, *L. angustifolius* y *L. luteus* (Yorgancilar *et al*, 2009).

Como se observa en el anexo 3, los valores de similitud entre individuos de una misma accesión fueron variables, presentando los siguientes rangos: de J= 0.80 a 0.89 en la accesión con mayor similitud genética (Ta14), seguido de J= 0.78 a 0.88 para Ta26 y Ta08, J= 0.77 a 0.87 en Ta15, J= 0.75 a 0.85 en Ta17, J= 0.74 a 0.87 para Ta33 y J= 0.71 a 0.86 en Ta22. Estos rangos de similitud genética entre individuos de una misma entrada y por tanto la alta variabilidad genética intra accesión podrían estar relacionados con el grado de polinización cruzada del cultivo (Sevilla y Holle, 2004) que, como sabemos, varía con el genotipo (unavarra, 2012) y según diferentes factores ambientales (humedad, luz, temperatura, etc). Se ha reportado en algunas gramíneas el incremento del grado de alogamia al ser cultivadas en ambientes tropicales o subtropicales (unavarra, 2012). Condición que probablemente se estaría observando en la población analizada y que explicaría la mezcla de color de testa observada en campo por el Programa de Cereales y Granos Nativos durante la regeneración de este germoplasma. Cabe resaltar que el indicador "color de semilla" es uno de los mejores indicadores de polinización cruzada en *L. mutabilis* (Horovitz y Harding, 1983). No se descarta la influencia del constante flujo de material genético (semillas) entre las localidades debido a ferias locales (Figura 12) o ventas en mercados aledaños a las zonas de cultivo como en el caso del mercado de Cajabamba aledaño a las zonas de colecta (cultivo) de Ta17 y Ta15 y/o al mal manejo del cultivo durante su regeneración.

Para analizar de mejor manera las probables fuentes que estarían influyendo en la variabilidad intra accesión se prosiguió a realizar el análisis inter accesión. Para ello, se corroboraron los datos pasaporte de cada una de las entradas analizadas encontrándose que el departamento, provincia y distrito correspondientes a la accesión

Ta15 no eran correctas. De acuerdo a las coordenadas de toma de muestra, esta accesión pertenece al departamento de Cajamarca, provincia de Cajabamba (Figura 12). De esta manera, se explica la agrupación de Ta15 con Ta14 y Ta17 que también pertenecen a la misma zona (Figura 13). A continuación, se detallará el análisis de las relaciones genéticas inter accesión.

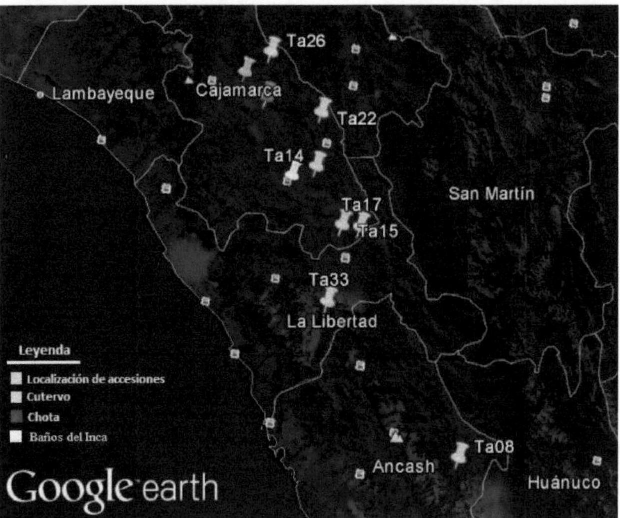

Figura 12: Zonas de colecta, de acuerdo a las coordenadas de muestreo, de las accesiones de *Lupinus mutabilis* y principales ferias agropecuarias aledañas a ellas: Las ferias se realizan cada año en los distritos de Cutervo, Chota y Baños del Inca en Cajamarca. FUENTE: Ministerio de Agricultura Peruano, 2012.

De acuerdo con el fenograma inter accesión (Figura 13) casi todos los individuos correspondientes a una accesión determinada se agruparon juntos y en general de acuerdo a su distribución geográfica. Se observó a una similitud de 0,73 una clara distinción de 2 grupos o conglomerados principales I y II, además de 4 accesiones que conforman los grupos III y IV.

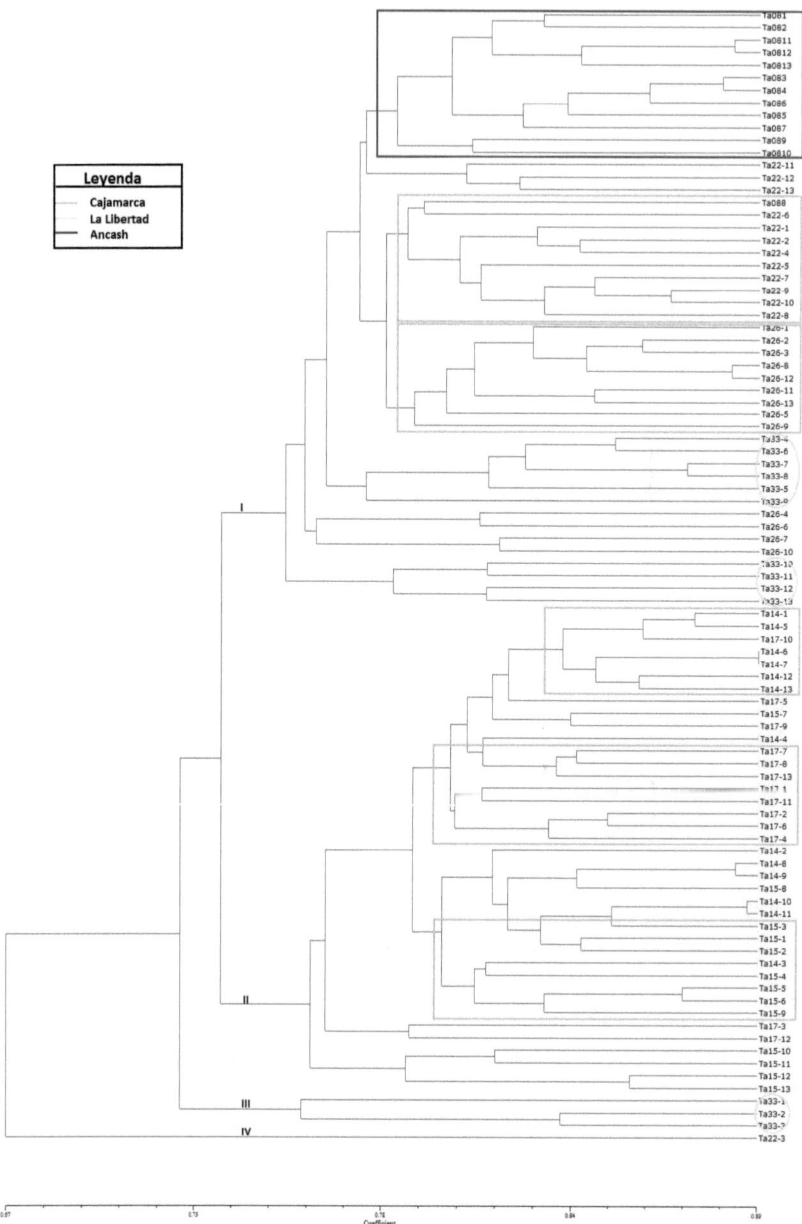

Figura 13: Fenograma inter accesión de las 7 accesiones de _L. mutabilis_ estudiadas: basado en el análisis de similitud genética (coeficiente Jaccard) utilizando 247 loci. En números romanos se detallan los principales conglomerados.

En el primer conglomerado se agruparon el 100% de accesiones pertenecientes al departamento de Ancash (Ta08), el 40% de las pertenecientes al departamento de Cajamarca (Ta22 y Ta26) y 10 individuos de la accesión Ta33 del departamento de la Libertad (Figura 13). Dentro de este, a una similitud de 0.774 se puede apreciar la separación de la accesión Ta08 formando un grupo definido en la parte superior del dendograma. La asociación de esta accesión con otras geográficamente muy distantes se pudo deber al movimiento de germoplasma por parte de pobladores de la zona. Por otro lado, la agrupación de Ta26 y Ta22 probablemente se debió a su relativa cercanía (71 km) que si bien no contribuyó a la polinización cruzada, por la misma distancia y lo abrupto de la zona (Figura 14), si pudo contribuir con el intercambio de semillas y/o comercio de ellas. Además, según el ministerio de Agricultura Peruano (2012) tres son las principales ferias en el departamento de Cajamarca (Figura 12): El Fongal en Cajamarca-Baños del Inca; la feria agropecuaria, artesanal, agroindustrial, turística y folclórica de Cutervo y por último, la feria agropecuaria, agroindustrial y artesanal de Chota. Esta última, ubicada a 51km y 35 km de las zonas de colecta y cultivo de las accesiones Ta22 y Ta26 respectivamente. La relativa cercanía con esta feria local podría explicar la similitud genética de Ta22 y Ta26 ya que se supone la migración de este germoplasma hasta esa zona y su posterior intercambio o venta. Caso similar pudo ocurrir con las accesiones Ta14, Ta15 y Ta17 ya que estas se encontraban cerca de la zona donde se realiza la Feria del "Fongal".

En el segundo conglomerado, se agruparon las entradas Ta14, Ta15 y Ta17 todas ellas pertenecientes al departamento de Cajamarca, provincia de Cajabamba. De las cuales, Ta14 y Ta17 mostraron máxima similitud genética (J= 0.785). A pesar de la relativa cercanía de las tres accesiones antes mencionadas (36 km en promedio) y del tipo de polinización de *L. mutabilis*, no se cree posible el flujo genético por migración de polen debido a condiciones geográficas (Figura 14). Por otro lado, la agrupación de algunos individuos de Ta14 y Ta17 (figura 13) probablemente esté relacionada con la siembra *in situ* de semillas de estas entradas en un mismo campo de cultivo.

Ya que *L. mutabilis* es una especie predominantemente autógama (Sevilla y Holle, 2004), el manejo de ésta durante la regeneración de sus accesiones es el comúnmente aplicado por diversas instituciones (eg. CIMMYT, CIAT) para especies autógamas. Sin embargo, este método podría no ser el más adecuado ya que, como se mencionó anteriormente, observaciones fenotípicas directas realizadas por el Programa de Cereales y Granos Nativos evidenciaron combinación de colores de testa entre algunas accesiones. Teniendo en cuenta los hechos antes mencionados y los resultados presentes se presume la polinización cruzada entre las accesiones Ta33 y Ta26 durante su regeneración ya que individuos de Ta33 se agruparon tanto en el conglomerado I yIII (Figura 13). No se descarta la influencia del mal manejo de estas entradas durante la cosecha en el mismo periodo.

Finalmente, la formación del conglomerado IV a una similitud J= 0.67 y con un solo individuo de la accesión Ta22 demostraría la gran presencia de datos codificados como 9. Lo que está relacionado a la perdida de información durante la caracterización de este individuo.

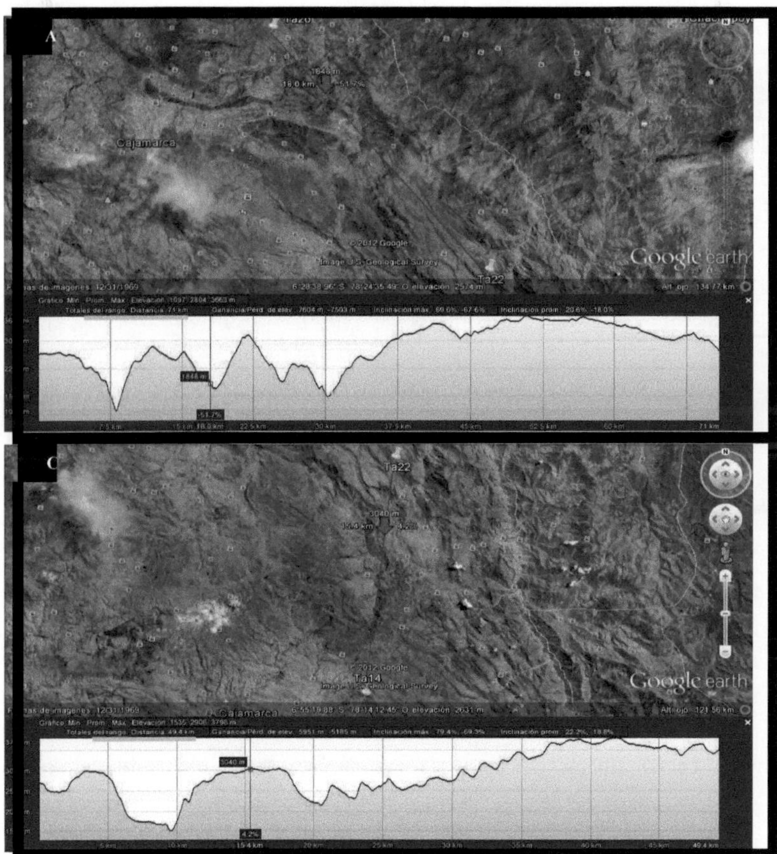

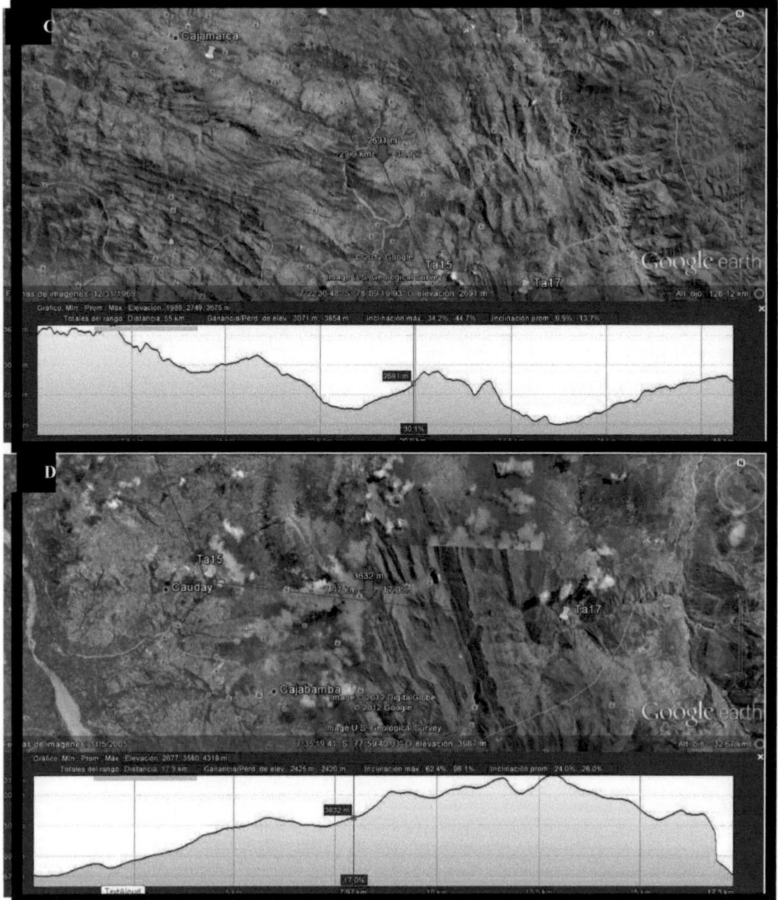

Figura 14: Perfil de elevación entre las zona de colecta en Cajamarca (Google earth, 2012):
Donde "A" corresponde al perfil de elevación entre Ta26 y Ta22, "B" entre Ta22 y Ta14, "C"
entre Ta14 y Ta15 y "D" entre Ta15 y Ta17; la línea de color anaranjado indica la distancia en
Km entre punto y punto mientras la flecha de color rojo señala el punto del recorrido en el que
nos encontramos y además en la parte inferior se puede apreciar su elevación.

Por otro lado, la coherencia del fenograma inter accesión con los datos pasaporte
y la localización de las ferias locales (Figuras 12 y 13) apoyarían la fiabilidad del uso de
marcadores ISSR en el estudio de *Lupinus mutabilis* ya que, según los resultados antes
mencionados, se ha analizado correctamente el genoma de esta especie y no solo un

sector de este como ocurrió en *Arabidopsis thaliana* (Barth *et al.*, 2002) y que según Pissard *et al.* (2006), estaría relacionado con la desigual distribución de las secuencias microsatélite (blanco de los iniciadores ISSR) en el genoma de *A. thaliana*. Caberesaltar que la frecuencia y variedad de secuencias microsatélite en el genoma varían de especie a especie (Pissard *et al.*, 2006).

6.5. ANÁLISIS DE DIVERSIDAD GENÉTICA Y ESTRUCTURA POBLACIONAL DE LA POBLACIÓN CONFORMADA POR SIETE SUBPOBLACIONES (ACCESIONES) DE *L. mutabilis*.

Según la heterocigosidad esperada, el total de diversidad genética en la población analizada (Ht= 0.2070) fue menor comparada con especies alógamas (e.g. *Oxalis tuberosa*: Ht= 0.28, Pissar *et al.*, 2006; *Carya sp*: Ht= 0.27, Jia *et al.*, 2011; *Punica granatum*: Ht= 0.333, Noormohammadi *et al.*, 2012) y relativamente mayor con respecto a especies autogamas (e.g. *Glycine soja*: Ht= 0.17, Jin *et al.*, 2003; *Elymus sibiricus*: Ht= 0.181, Ma *et al.*, 2008; *Oriza sativa*: cultivada Ht= 0.11 y silvestre Ht= 0.14, Girma *et al.*, 2010) utilizando el mismo tipo de iniciador. Esta diversidad genética expresada en heterocigosis esperada asi como en porcentaje de alelos polimórficos(PPB= 69.23%) reflejaron la naturaleza del sistema reproductivo del cultivo que es común en el género *Lupinus* (Cuadro 17). Cabe resaltar que la diversidad genética de *L. mutabilis* fue mayor a la reportada por Cabrera *et al.* (2009) y Vysniauskiene *et al.* (2011) en *Lupinus elegans* (Ht= 0.1884) y *Lupinus polyphyllus* (Ht= 0.15) respectivamente. Según los mismos autores, las especies antes mencionadas son predominantemente alógamas por tanto, la mayor diversidad genética de *L. mutabilis* podría estar relacionada con el tipo de marcador utilizado durante el análisis. Que para
L. elegans y *L. polyphyllus* fueron iniciadores RAPDs.

De las siete subpoblaciones analizadas (Cuadro 17), la diversidad genética de Nei (h) y el porcentaje de bandas polimórficas (PPB) mostraron que la subpoblación de mayor diversidad genética fue Ta33 (h= 0.1936 y PPB= 53.85%) seguida por Ta22 (h= 0.1664 y PPB= 49.8%) resultado similar al reportado en el capítulo 5.3 donde se estimó la variabilidad genética a nivel de accesión mediante el número de loci polimórficos (%P). Las pequeñas variaciones en cuanto al porcentaje de loci se deben a que en el análisis realizado por el programa POPGENE se considera como locus polimórfico aquel que presenta la frecuencia de uno de sus alelos menor o igual a 0.95 (De Vicente, 2004). La alta diversidad genética encontrada en la subpoblación Ta33 podría deberse tanto a la mezcla de semillas, intercambio de estas o como ocurrió en la variedad de arroz *O. glaberrima* (Girma *et al.*, 2010) al posible flujo genético entre poblaciones silvestres y/o cultivadas de la zonas aledañas a la zona de colecta. Según este mismo autor, el flujo genético entre poblaciones silvestres y cultivadas es el principal factor que resulta en una mayor diversidad genética en variedades de arroz.

Cuadro 17: Diversidad genética intra accesión de las siete accesiones de *L. mutabilis*.

Accesión	Diversidad genética de Nei (h)	Porcentaje de alelos polimórficos (PPB)
Ta08	0.1449	42.11%
Ta14	0.1291	40.08%
Ta15	0.1533	42.91%
Ta17	0.1428	44.13%
Ta22	0.1664	49.80%
Ta26	0.1495	43.72%
Ta33	0.1936	53.85%
Toda la población	0.2070	69.23%

Debido a que el sistema de apareamiento gobierna la transmisión genética entre las generaciones de una misma población (Barrett *et al*, 1996) y entre poblaciones aledañas. Se esperaría encontrar en especies autógamas una gran diversidad genética entre poblaciones y no dentro de ellas (Garris *et al.*, 2005) sobre todo si la zona de cultivo y colecta entre accesiones (poblaciones) es agreste como en este caso (figura 14). Acorde con la anterior premisa, se encontró un alto valor de diversidad genética inter población (Gst= 0.2550) con respecto a la diversidad genética intra población (Hs=0.15420). Resultado similar al reportado en otras especies autógamas como *Triticum aestivum* (Hailu *et al.*, 2005), *Elymus sibiricus* (Ma *et al.*, 2008) y *Glycine Soja* (Jin *et al.*, 2003). Sin embargo, ya que esta especie es predominantemente autógama, se esperó que el valor de Gst fuera cercano a uno. Condición que no se observa y que sugeriría su probable comportamiento como alógama.

Por otro lado, el bajo flujo genético entre poblaciones de una misma especie podría llevar a la pérdida de diversidad genética por efectos de la deriva génica. Según Slatkin (1987), para prevenir estos efectos se requiere como flujo genético, en promedio, un migrante por generación. En el caso de la población analizada, el flujo genético efectivo por generación fue de más de un individuo (Nm= 1.46) lo que supone la no influencia de la deriva génica hasta el momento. Comparada con otras especies predominantemente autógamas, el porcentaje de flujo genético fue mucho mayor en la población analizada (e.g. *Elymus sibiricus*: 10.1%, Ma *et al.*, 2008) y probablemente esté relacionado con la constante migración de semillas en la zona debido a ferias locales (Figura 12) y el flujo genético por migración de polen durante la regeneración deeste germoplasma.

Con el fin de analizar las relaciones genéticas inter accesión se construyó un fenograma (Figura 15) en base a las distancias genéticas calculadas accesión por accesión (Figura 16).

pop ID	Ta08	Ta14	Ta15	Ta17	Ta22	Ta26	Ta27
Ta08	****	0.9252	0.9106	0.9080	0.9641	0.9503	0.9383
Ta14	0.0777	****	0.9740	0.9765	0.9207	0.9073	0.9292
Ta15	0.0936	0.0263	****	0.9649	0.9185	0.9054	0.9442
Ta17	0.0965	0.0238	0.0358	****	0.9089	0.9098	0.9326
Ta22	0.0366	0.0826	0.0850	0.0955	****	0.9596	0.9340
Ta26	0.0510	0.0972	0.0994	0.0945	0.0413	****	0.9359
Ta27	0.0637	0.0734	0.0574	0.0698	0.0682	0.0663	****

Figura 16: Matriz de distancias genéticas de Nei (Nei, 1978): Donde el triángulo morado señala las distancias genéticas entre cada accesión.

En la figura 16 se puede apreciar que la menor distancia genética se encuentra entre Ta14 y Ta17 (0.0238) concordando con los resultados obtenidos en el análisis de similitud. Según Hailu *et al.* (2005), esto implicaría que muchas bandas o marcadores ISSR con igual tamaño fueron detectadas en ambas accesiones. Caso contrario a lo ocurrido entre Ta15 y Ta26 donde se encontró la mayor distancia genética (0.0994) pese a que estas dos accesiones pertenecen al mismo departamento, lo que probablemente esté relacionado con la distancia entre sus zonas de cultivo y los puntos donde serealizan las ferias agropecuarias. Al analizar la distancia genética entre Ta26 y Ta33 (0.0663) nos damos cuenta que pese a su lejanía geográfica, genéticamente son similares hecho que concuerda con el análisis de similitud genética y que podría explicarse con la migración de material genético (semillas), como se presume en el caso de Ta08, de La libertad hacia Cajamarca por pobladores de la zona, al mal manejo de ellas durante su regeneración o al probable flujo genético por migración de polen entre ellas.

Según la figura 15, dos son los principales grupos o conglomerados que coinciden con los dos principales conglomerados en el fenograma inter accesión basado en el análisis de similitud. En el primer conglomerado se agruparon las accesiones Ta08, Ta22, Ta26 y Ta33. Dentro de este, a una distancia genética de 3.30 (Cuadro 18) se puede apreciar la separación de la accesión Ta33 y el conglomerado formado por Ta08, Ta22 y Ta26; mientras que, a una distancia genética de 1.83 se observó laagrupación de Ta22 y Ta08. Por otro lado, en el segundo conglomerado, se agruparon las accesiones Ta14, Ta15 y Ta17 todas pertenecientes al departamento de Cajamarca distrito de Cajabamba. De ellas, las accesiones Ta14 y Ta17 presentan la menor distancia genética tanto en el conglomerado como en todo el fenograma. Ya que los datos expuestos concuerdan con los encontrados en el análisis de similitud, en el capítulo 5.5 se detalla los posibles motivos de las agrupaciones.

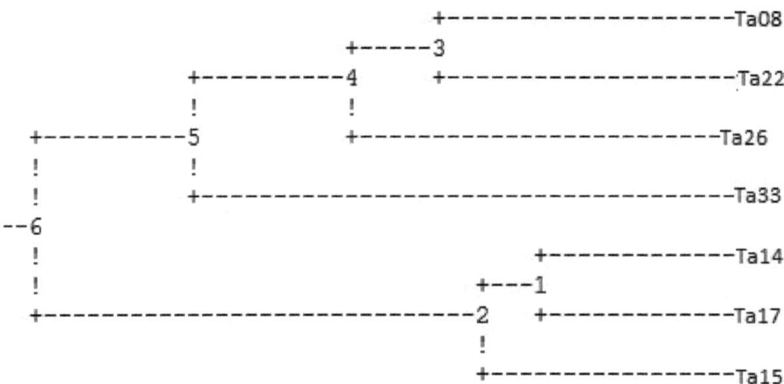

Figura 15: Fenograma de siete accesiones de *L. mutabilis* basada en las distancias genéticas de Nei (Nei, 1978).

Cuadro 18: Distancias genéticas de Nei (Nei, 1978) en las que se basó el fenograma de la figura 15. Donde los números representan los puntos de separación entre conglomerados o accesiones.

Entre	Distancia genética
6 y 5	0.95837
5 y 4	0.99729
4 y 3	0.47566
3 y Ta08 / 3 y Ta08	1.83030
4 y Ta26	2.30596
5 y Ta33	3.30316
6 y 2	2.70983
2 y 1	0.36028
1 y Ta14 / 1 y Ta17	1.19142
2 y Ta15	1.55170

VII. CONCLUSIONES

• La diversidad genética intra accesión del tarwi, según las accesiones y marcadores ISSR evaluados, es considerable. Presentando la mayor diversidad genética la accesión Ta33 (h= 0.1936 y PPB= 53.85%) seguida por Ta22 (h= 0.1664 y PPB= 49.80%). Además, la diversidad genética de la población total (7 accesiones con 13 individuos cada una) también es considerable (PPB= 69.23% y Ht= 0.2070) y se distribuye en mayor medida entre las accesiones (Gst= 0.2550) que dentro de ellas (Hs= 0.15420) como ocurre en especies autógamas y predominantemente autógamas como el tarwi.

• El uso de iniciadores ISSR para este cultivo es fiable ya que los resultados han mostrado la coherencia del fenograma inter accesión, basado tanto en el análisis de similitud como en el de distancias genéticas de Nei (1987), con los datos pasaporte y la localización de las ferias locales.

• El iniciador de mayor eficiencia para detectar loci polimórficos en la población analizada es 834 (PIC= 0.39) seguido por 841, 835 y BOR5 todos con PIC= 0.36. Estos iniciadores, presentaron motivos $(GA)_n$ o $(AG)_n$ que han demostrado, mediante el promedio de loci generados por iniciadores que contenían estos motivos, estar ampliamente distribuidos en el genoma de *L. mutabilis* como ocurre en otras especies de este mismo género.

• Por lo agreste de las zonas de colecta, la predomínate polinización autógama de *L. mutabilis* y la agrupación de las accesiones en el fenograma basado tanto en el análisis de similitud como en el de distancias genéticas de Nei (1987), se considera como uno de los principales factores de flujo genético *in situ* al intercambio o venta de semillas en ferias o mercados aledaños a la zona de colecta. Para la población analizada, el flujo genético es de Nm= 1.46.

• Existe una alta probabilidad de que el incremento del grado de alogamia durante la regeneración del cultivo sea uno de los principales factores de flujo genético durante este periodo. Lo que explicaría la mezcla de color de testa de estas accesiones.

• Las accesiones Ta14 y Ta17 presentan la menor distancia genética (0.0238) y por ende la mayor similitud genética entre las accesiones analizadas. Mientras que, Ta15 y Ta26 presentan la mayor distancia genética (0.0994).

VIII. RECOMENDACIONES

• Los iniciadores ISSR 834, 841, 835 y BOR5 son los más recomendables para estudios de diversidad genética en *Lupinus mutabilis* de acuerdo al contenido de información polimórfica (0.39 para 834 y 0.36 para los demás).

• Es recomendable el uso de iniciadores con motivos, repeticiones y anclajes variados en futuros estudios de diversidad genética en esta especie. Además, se recomienda el uso a la par de iniciadores con motivos $(GA)_n$ y $(AG)_n$, que han demostrado estar ampliamente distribuido en el genoma de *L. mutabilis*, variando el número de repeticiones y anclajes.

• En general, durante la amplificación de muestras es recomendable utilizar el concepto "touchdown" para evitar posteriores problemas de hibridación y amplificación.

• Se recomienda realizar investigaciones adicionales de caracterización morfológica de las accesiones con mayor diversidad genética ya que conforman un material potencial en programas de mejoramiento genético.

• Es importante un estudio muy consistente de biología floral en esta especie. Ya que este nos ayudaría a comprender de mejor manera las estrategias de polinización de *L. mutabilis* y por ende una de las fuentes de flujo genético de esta especie. Además, de evaluar el porcentaje de polinización cruzada de éste cultivo en las zonas de regeneración para su mejor manejo.

• Es importante la caracterización intragenotípica de las demás accesiones de *L. mutabilis* provenientes del banco de germoplasma de INIA para ponerlas a disposición de los fitomejoradores.

IX. BIBLIOGRAFÍA

- Aguilera J., Pessoni L., Rodrigues G., Elsayed A., da Silva D. y de Barros E. 2011. Genetic variability by ISSR markers in tomato (*Solanum lycopersicon* Mill). Revista Brasileira Ciencias Agrárias **6(2):** 243-252.

- Aljanabi S., Forget L. and Dookun A. 1999. An improved and rapid protocol for the isolation of polysaccharide-and polyphenol-free sugarcane DNA. Plant Molecular Biology Reporter **17:** 1-8.

- Astarini I., Plummer J., Lancaster R. y Yan G. 2006. Genetic diversity of Indonesian cauliflower cultivars and their relationships with hybrid cultivars grown in Australia. Scientia Horticulturae **108:** 143-150.

- Azofeifa A. 2006. Uso de Marcadores Moleculares en plantas; Aplicaciones en frutales del Trópico. Agronomía Mesoamericana. **17:** 221-242.

- Barrett S. 2003. Mating strategies in flowering plants: the outcrossing-selfing paradigm and beyond. Phil. Trans. R. Soc. Lond. **358:** 991-1004.

- Barrett S., Harder L. y Worley A. 1996. The comparative biology of pollination and mating in flowering plants. Phil. Trans. R. Soc. Lond. **351:** 1271-1280.

- Barth S., Melchinger E. y Lubberstedt TH. 2002. Genetic diversity in *Arabidopsis thaliana* L. Heynh. investigated by cleaved amplified polymorphic sequence (CAPS) and inter-simple sequence repeat (ISSR) markers. Molecular Ecology **11:** 495-505.

- Becerra V. y Paredes M. 2000. Uso de Marcadores Bioquímicos y Moleculares en estudios de diversidad genética. Agricultura Técnica. **60(3):** 270 - 281.

- Bioversity International. [Sitio en internet]. Geographical distribution of the Andean lupin (*Lupinus mutabilis* Sweet). Disponible en: http://www2.bioversityinternational.org/Publications/PGRNewsletter/article.asp ?id_article=1&id_issue=155. Acceso el 02 de setiembre del 2010.

- Bisoyi M., Acharya L., Mukherjee A. y Panda P. 2010. Study of inter-specific relationship in six species of *Sesbania* Scop. (Leguminosae) through RAPD and ISSR markers. International Journal of Plant Physiology and Biochemistry **2(2):** 11-17.

- Bornet B. y Branchard. 2001. Nonanchored Inter Simple Sequence Repeat(ISSR) Markers: Reproducible and Specific Tools for Genome Fingerprinting. Plant Molecular Biology Reporter **19:** 209-215.

- Botstein D., White R., Skolnick M. y Davis R. 1980. Construction of a Genetic Linkage Map in Man Using Restriction Fragment Length Polymorphisms. American Society of Human Genetics **32:** 314-331.

- Bussell J., Waycott M. y Chappill J. 2005. Arbitrarily amplified DNA markers as characters for phylogenetic. Perspectives in Plant Ecology, Evolution and Systematics **7:** 3-26.

- Camilo M., Pozzobon M. y Schifino-Wittmann M. 2006. Chromosome number in south american andean species of *Lupinus* (Leguminosae). Bonplandia **15 (3-4):**113-119.

- Cao P.J., Yao Q.F., Ding B.Y, Zeng H.Y., Zhong Y.X., Fu C.X y Jin X.F. 2006. Genetic diversity of *Sinojackia dolichocarpa* (Styracaceae), a species endangered and endemic to China, detected by inter-simple sequence repeat (ISSR). Biochemical Systematics and Ecology **34:** 231-239.

- Castañeda M. Estudio comparativo de diez variedades de tarwi (*Lupinus mutabilis* Sweet.) conducidas en dos ambientes de la Sierra norte y centro del Perú. [Tesis para optar al grado de Ingeniero Agrónomo]. Lima: Universidad Nacional Agraria La Molina; 1988.

- Chen Y., Zhou R., Lin X., Wu K., Qian X. y Huang S. 2008. ISSR analysis of genetic diversity in sacred lotus cultivars. Aquatic Botany **89:** 311-316.

- Ciancio A. y Mukerji K.G. Integrated Management and Biocontrol of Vegetable and Grain Crops. USA: Springer; 2008. Pp. 102-103.

- CIP. 1987. Exploration, maintenance and utilization of sweet potato. International Potato Center. Perú.

- Clements J., Prilyuk L., Quealy J. and Francis G. 2008. Interspecific crossing among the new world Lupin species for *Lupinus mutabilis* crop improvement. Pp. 324-327, in: Palta, J.A. & Burger, J.B. (Eds) Lupins for Health & Wealth, Proceedings 12th International Lupin Conference, Fremantle, Australia, International Lupin Association, Canterbury, New Zealand.

- Colosi J. and Schaal B. 1993. Tissue grinding with ball bearings and vortex mixer for DNA extraction. Nucleic Acids Research **21(4):** 1051-1052.

- Core L. y Lis J. 2008. Transcription Regulation through Promoter-Proximal Pausing of RNA Polymerase II. Science **319(5871):** 1791-1792.

- De Vicente M.C., López C., Fulton T. Tecnologías de Marcadores Moleculares para Estudios de diversidad Genética en Plantas: Modulo de aprendizaje 1 y 2. [CD-ROM]. IPGRI y Cornell University; 2004.

- De-Lian W., Zhong-Chao L., Gang H., Tzen-Yuh C. y Xue-Jun G. 2004. Genetic diversity of *Calocedrus macrolepis* (Cupressaceae) in southwestern China. Biochemical Systematics and Ecology **32:** 797-807.

- Dominion mbl. [Sitio en internet]. MBL-Taq DNA Polimerasa. Disponible en: http://www.mbl.es/catalogue/catalogue.php?action=view_categ&id=28#48. Acceso el 29 de agosto del 2011.

- Doyle J. y Dotle J. 1987. A rapid DNA isolation procedure for small quantities of fresh leaf tissue. Phytochem Bull **19:** 11-15.

- Duarte J., Dos Santos J. y Melo L. 1999. Comparison of similarity coefficients based on RAPD markers in the common Bean. Genetics and Molecular Biology **22(3):** 427-432.

- Eastwood R. y Hughes C. 2008. Origins of Domestication of *Lupinus mutabilis* in the Andes. Pp. 373-379, in: Palta, J.A. & Burger, J.B. (Eds) Lupins for Health & Wealth, Proceedings 12th International Lupin Conference, Fremantle, Australia, International Lupin Association, Canterbury, New Zealand.

- Echenique V., Rubistein C., y Mroginski L. Biotecnología y Mejoramiento Vegetal. Buenos Aires: INTA; 2004. Pp. 51-53, 61-68, 199-210.

- Eckert, C.G., Barrett, S.C.H., 1993. Clonal reproduction and patterns of genotypic diversity in *Decodon verticillatus* (Lythraceae). Am. J. Bot. **80:** 1175–1182.

- FAO. Org. [Sitio en internet]. Cultivos Andinos, TARWI o CHOCHO *(Lupinus mutabilis)*. Disponible en: http://www.rlc.fao.org/es/agricultura/produ/cdrom/contenido/libro10/cap03_1_3 .htm. Acceso el 06 de junio del 2010.

- Ferreira M. & Grattapaglia D. Introducción al uso de marcadores moleculares en el análisis genético. Brasilia: Embrapa- cenargen; 1998. Pp. 120-125.

- Fisher P.J., Gardner R.C. y Richardson T.E. 1996. Single locus microsatellites isolated using 5'anchored PCR. Nucleic Acids Research **24(21):** 4369-4371.

- Franco T. e Hidalgo R. 2003. Análisis Estadísticos de Datos de Caracterización Morfológica de Recursos Fitogenéticos. Boletín técnico N° 8. Instituto Internacional de Recursos Fitogenéticos (IPGRI). Cali. Colombia.

- Garris A., Tai T., Coburn J., Kresovich S. y McCouch S. 2005. Genetic Structure and Diversity in *Oryza sativa* L. Genetics Society of America **169**: 1631-1638.

- Ginwal H. and Singh S. 2010. Evaluation and optimization of DNA extraction method for *Dalbergia sissoo* leaf. Ind. J. Biotechnology Vol. **9**: 69-73.

- Girma G., Tesfaye K. y Bekele E. 2010. Inter Simple Sequence Repeat (ISSR) analysis of wild and cultivated rice species from Ethiopia. African Journal of Biotechnology **9(32)**: 5048-5059.

- Google earth. [Sitio en internet]. Google earth 6. Disponible en: http://www.google.es/intl/es/earth/index.html. Acceso el 01 de agosto del 2012.

- Gross R. 1982. El cultivo y la utilización del tarwi. Estudio FAO. Producción y Protección Vegetal, No. 36. Roma, Italia.

- Gross R., Koch R., Marquard L. y Wink M. 1988. Chemical composition of a new variety of the Andean lupin (*Lupinus mutabilis* cv. Inti) with low alkaloid content. J. Food Comp. Anal. **1**: 353-361.

- Hailu F., Merker A., Belay G. y Johansson E. 2005. Molecular diversity and phylogenic relationships of tetraploid wheat species as revealed by inter-simple sequence repeats (ISSR) from Ethiopia. J. Genet. & Breed. **59**: 329-338.

- Hajdera I., Siwinska D., Hasterok R. y Maluszynska J. 2003. Molecular cytogenetic analysis of genome structure in *Lupinus angustifolius* and *Lupinus consentinii*. Theor Appl Genet **107**: 988-996.

- Hameed A., Akbar S., Iqbal N., Arshad R. and Farooq S. 2004. A rapid (100 min) method for isolating high yield and quality DNA from leaves, roots and coleoptile of wheat (*Triticum aestivum* L.) Suitable for apoptotic and othermolecular studies. Int. J. Agri. Biol. **6 (2)**: 383-387.

- Hatcher P.E. Wilkinson M.J., Albani M.C. y Hebbern C.A. 2004. Conserving marginal populations of the food plant (*Impatiens noli-tangere*) of an endangered moth (*Eustroma reticulatum*) in a changing climate. Biological Conservation **116**: 305-317.

- Hakki E., Yorgancilar M., Atalay E., Uyar S. y Babaoglu M. 2007. Basit tekrarli diziler arasi polimorfizm (BTDAP=ISSR) teknigi ile yerli lupen genotiplerinde (*Lupinus albus* L.) genetik varyasyonun belirlenmesi. Bitkisel Arastirma Dergisi **2:** 1-5.

- Hollingsworth P.M. y Ennos R.A. 2004. Neighbour joining trees, dominant markers and population genetic structure. Heredity **92:** 490-498.

- Hou Y.C., Yan Z.H., Wei Y.M. y Zheng Y.L. 2005. Genetic diversity in barley from west China based on RAPID and ISSR analysis. Barley Genetics Newsletter **35:** 9-22.

- Horovitz A. y Harding J. 1983. Genetics of *Lupinus*. XII. The mating system of Lupinus pilosus. Bot. Gaz. **144 (2):** 276-279.

- Huang Y., Ji K., Jiang Z. y Tang G. 2008. Genetic structure of *Buxus sinica* var. *parvifolia*, a rare and endangered plant. Scientia Horticulturae **116:** 324-329.

- INE México. Editores. Guía práctica sobre la técnica de PCR. Disponible en: www.ine.gob.mx/publicaciones/libros/530/cap17.pdf. [26/09/2011].

- Isshiki S., Iwata N. y Mizanur Md. 2008. ISSR variations in eggplant (*Solanum melongena* L.) and related *Solanum* species. Scientia Horticulturae **117:** 186- 190.

- Jaccard P. 1908. Étude comparative de la distribution florale dans une portion des Alpes et des Jura. Bulletin del la Société Vaudoise des Sciences Naturelles **37:** 547-579.

- Jacobsen E. y Mujica A. 2011. Geographical distribution of the Andean lupin (*Lupinus mutabilis Sweet.*). FAO-Biodiversity **155:** 1-8.

- Jacobsen E. y Mujica A. 2006. El tarwi (*Lupinus mutabilis* Sweet) y sus parientes silvestres. Universidad Mayor de San Andrés, La Paz, 2006: 458-482.

- Jacobsen E. y Sherwood S. 2002. Cultivo de Granos Andinos en Ecuador,Informe sobre los rubros quinua, chocho y amaranto. Organización de las Naciones Unidas.: 14-15.

- Jian S., Tang T., Zhong Y. y Shi S. 2004. Variation in inter-simple sequence repeat (ISSR) in mangrove and non-mangrove populations of *Heritiera littoralis* (Sterculiaceae) from China and Australia. Aquatic Botany **79:** 75-86.

- Jimenez J. Biodiversity of traditional seed propagated crops cultivated in Peruvian highland [Tesis para optar al grado de Mg. Sc.]. Katowice: SIILESIA; 2006.

- Jimenez P. y Collada C. 2000. Técnicas para la evaluación de la diversidad genética y su uso en los programas de conservación. Invest. Agr. **2**.

- Jin Y., Zhang W. J., Fu D. X. y Lu B. R. 2003. Sampling Strategy within a wild soybean population based on its genetic variation detected by ISSR markers. Acta Botanica Sinica **45(8)**: 995-1002.

- Jin Z. y Li J. 2007. Genetic differentiation in endangered Heptacodium miconoides Rehd. based on ISSR polymorphism and implications for its conservation. Forest Ecology and Management **245**: 130-136.

- Joshi N., Rawat A., Subramanian R. and Rao K. 2010. A method for small scale genomic DNA isolation from chickpea (*Cicer arietinum* L.) suitable for molecular marker analysis. Indian Journal of Science and Technology **3 (12)**: 0974-6846.

- Joshi S.P., Gupta V.S., Aggarwal R.K, Ranjekar P.K y Brar D.S. 2000. Genetic diversity and phylogenetic relationship as revealed by inter simple sequence repeat (ISSR) polymorphism in the genus *Oryza*. Theor Appl Genet **100**: 1311- 1320.

- Karp A., Isaac P. and Ingram D. Molecular tools for screening biodiversity plants and animals. Great Britain: Chapman & Hall; 1998. Pp. 5-24.

- Karp A., Kresovich S., Bhat K., Ayad W. and Hodgin T. 1997. Molecular tools in plant genetic resources conservation: a guide to the technologies. IPGRI technical bulletin n°2. International Plant Genetic Resources Institute, Rome, Italy.: 47.

- Khanuja S., Shasany A., Darokar M. and Kumar S. 1999. Rapid isolation of DNA from dry and fresh samples of plants producing large amounts of secondary metabolites and essential oils. Plant Molecular Biology Reporter **17**: 1-7.

- Kothera L., Ward S. y Carney S. 2007. Assessing the threat from hybridization to the rare endemic Physaria belli Mulligan (Brassicaceae). Biological Conservation **140**: 110-118.

- Kumar P., Gupta V., Misra A., Modi D. and Pandey B. 2009. Potential of molecular markers in plant biotechnology. Plant Omics **2(4):** 141-162.

- Legaria J. 2010. Diversidad genética en algunas especies de amaranto (*Amaranthus* spp.). Rev. Fitotec. Mex. **33(2):** 89-95.

- Li J. y Ye W.H. 2006. Genetic diversity of alligator weed ecotypes is not the reason for their different responses to biological control. Aquatic Botany **85:** 155-158.

- Liu L.W., Zhao L.P., Gong Y.Q., Wang M.X., Chen L.M., Yang J.L. *et al.* 2008. DNA fingerprinting and genetic diversity analysis of late-bolting radish cultivars with RAPD, ISSR and SRAP markers. Scientia Horticulturae **116:** 240-247.

- Lloyd D. y Schoen D. 1992. Self- and Cross-Fertilization in Plants. I. Functional Dimensions. International Journal of Sciences **153(3):** 358-369.

- Ma X., Zhang X.Q., Zhou Y.H., Bai S.Q. y Liu W. 2008. Assessing genetic diversity of *Elymus sibiricus* (Poaceae: Triticeae) populations from Qinghai- Tibet Plateau by ISSR markers. Biochemical Systematics and Ecology **36:** 514- 522.

- Macarulla J. 2008. Bioquímica. Barcelona: Reverté; 2008. Pp. 72-73.

- Mansilla R. Caracterización genética molecular de *Smallanthus sonchifolius* (Poepp & Endl) H. Robinson "Yacón" mediante marcadores RAPDs [Tesis para optar al grado de Biólogo]. Lima: Universidad Agraria La Molina; 2001. Pp. 39-40, 60-63.

- Martínez M., Helguera M. y Carrera A. Marcadores moleculares. Buenos Aires. INTA; 2010. Pp. 70-84.

- Matasyoh L., Wachira F., Kinyua M., Thairu A. and Mukiama T. 2008. Leaf storage conditions and genomic DNA isolation efficiency in *Ocimun gratissimum* L. from Kenya. Afr. J. Biotechnology Vol. **7 (5):** 557-564.

- Ministerio de Agricultura Peruano. Calendario Nacional de Ferias y Eventos Agropecuarios 2012. El Peruano. 2012/02/09.

- Naganowska B., Wolko B., Sliwinska E. y Kaczmarek Z. 2003. Nuclear DNA content variation and species relationships in the genus *Lupinus* (Fabaceae). Annals of Botany **92:** 349-355.

- Méndez E. Elaboración, control de calidad y evaluación "in vivo" de la actividad antibacteriana de un gel obtenido del extracto alcaloidal del chocho [Tesis para optar al grado de Bioquímico farmacéutico]. Riobamba: Escuela Superior Politécnica de Chimborazo; 2008. Pp. 19-20.

- Mohsen H. y Ali F. 2008. Study of genetic polymorphism of *Artemisia herba-alba* from Tunisia using ISSR markers. African Journal of Biotechnology **7(1):** 044-050.

- Musicante M. y Galetto L. 2008. Biología reproductiva de *Cologania broussonetii* (Fabaceae, Faboideae). Darwiniana **46(1):** 7-16.

- Muthusamy S., Kanagarajan S. y Ponnusamy S. 2008. Efficiency of RAPD and ISSR markers system in accessing genetic variation of rice bean (*Vigna umbellata*) landraces. Electronic Journal of Biotechnology **11(3):** 0717-3458.

- Nascimiento M., Batalha-Filho H., Waldschmidt A., Tavares M., Campos L. y Salomao T. 2010. Variation and genetic structure of *Melipona quadrifasciata* Lepeletier (Hymenoptera, Apidae) populations base on ISSR pattern. Genetics and Biology **33(2):** 394-397.

- Nadal S., Moreno M. y Cubero J. Las leguminosas grano en la agricultura moderna. España: Ediciones Mundo-Prensa; 2004. Pp. 125-133.

- Nei M. 1973. Analysis of Gene Diversity in Subdivided Populations. Proc. Nat. Acad. Sci. USA **70(12):** 3321-3323.

- Nei, M. (1978). Estimation of average heterozygosity and genetic distance from a small number of individuals. Genetics **89:** 583-590.

- Nei M. Molecular Evolutionary Genetics. New York: Columbia University Press; 1987.

- Nováková A., Simácková K., Bárta J. y Curm V. 2010. Utilization of DNA markers based on microsatellite polymorphism for identification of potato varieties cultivated in the Czech Republic.Central European Agriculture **11(4):** 415-422.

- Novaes R., Rodrigues J. and Lovato M. 2009. An efficient protocol for tissue sampling and DNA isolation from the stem bark of Leguminosae trees. Genetics and molecular research **8(1):** 86-96.

- Oliveira E.C., Amaral A.T., Goncalves L.S., Pena G.F., Freitas S.P., Ribeiro R.M. y Pereira M.G. 2010. Optimizing the efficiency of the touchdown technique for detecting inter-simple sequence repeat markers in corn (*Zea mays*).Genetics and Molecular Research **9(2):** 835-842.

- Oxford Plant Systematics. Editors. News from Oxford University Herbaria (OXF and FHO). Update March 2005. Available in http://herbaria.plants.ox.ac.uk/OPS_issues/OPS12.pdf. [02/09/2010].

- Palacios A., Salazar D., Espinosa L., Herrera M y Huamancaja C. 2004. Obtención de alcohol a partir de la malta de *Lupinus mutabilis* (Tarwi). Facultad de Ingeniería química. Universidad Nacional del Centro del Perú.

- Piña J., Vences C., Gutiérrez M., Vázquez L. y Arzate A. 2009. Caracterización Morfológica y Molecular de nueve variedades botánicas de *Tigridia pavonia* (L.f.) DC. Agrociencia **44:** 147-158.

- Pissard A., Ghislain M. y Bertin P. 2006. Genetic diversity of the Andean tuber-bearing species, oca (*Oxalis tuberosa* Mol.), investigated by inter-simple sequence repeats. Genome **49:** 8-16.

- Pradeep M. Sarla N. y Siddiq E.A. 2002. Inter simple sequence repeat (ISSR) polymorphism and its application in plant breeding. Euphytica **128:** 9-17.

- Prevost A. y Wilkinson M. 1999. A new system of comparing PCR primers applied to ISSR fingerprinting of potato cultivars. Theor Appl Genet **98:** 107- 112.

- Puchooa D. 2004. A simple, rapid and efficient method for the extraction of genomic DNA from lychee (*Litchi chinensis* Sonn.). Afr. J. Biotechnology Vol. **3(4):** 253-255.

- Rabelo F., Santana T., Candido A. y Gonzaga M. 2011. ISSR markers for genetic relationships in Caricaceae and sex differentiation in papaya. Crop Breeding and Applied Biotechnology **11:** 352-357.

- Rafael J. 2008. Diversidad genética en bancos de germoplasma: un enfoque biplot. Tesis para optar al título de Doctor. Salamanca, España.: 1-20, 40-49.

- Real R. 1999. Tables of significant values of Jaccard's index of similarity. Miscel·lánia Zoológica **22(1):**0211-6529.

- Roh M., Cheong E., Choi I.Y. y Joung Y. 2007. Characterization of wild *Prunus yedoensis* analyzed by inter-simple sequence repeat and chloroplast DNA. Scientia Horticulturae **114:** 121-128.

- Rohlf FJ. 1998. NTSYS-pc numeral taxonomy and multivariable analysis system. Version 2.02. Exeter Publications Setauket, New York.

- Ruas P., Ruas C., Rampim L., Carvalho V., Ruas E. y Sera T. 2003. Genetic relationship in *Coffea* species and parentage determination of interspecific hybrids using ISSR (Inter-Simple Sequence Repeat) markers. Genetics and Molecular Biology **26(3):** 319-327.

- Santi L., Wang Y., Stile M., Berendzen K., Wanke D., Roig C. *et al.* The GA octodinucleotide repeat binding factor BBR participates in the transcriptional regulation of the homeobox gene Bkn3. The Plant Journal **34:** 813-826.

- Sawicka-Sienkiewicz E., Galek R., Clements J. and Wilson J. 2008. Difficulties with interspecific hybridization in the genus *Lupinus*, in: Palta, J.A. & Burger, J.B. (Eds) Lupins for Health & Wealth, Proceedings 12th International Lupin Conference, F remantle, Australia, International Lupin Association, Canterbury, New Zealand.

- Sbabou L., Brhada F., Thami I. y Filali A. 2010. Genetic Diversity of Moroccan *Lupinus* Germplasm Investigated using ISSR and AFLP Markers. International Journal of Agriculture & Biology **12:** 26-32.

- Slatkin M. 1987. Gene Flow and the Gographic Structure of Natural Populations. Science **236:** 787.

- Schoeneberger H., Gross R., Cremer H. and Elmadfa I. 1981. Composition and protein quality of *Lupinus mutabilis*. J. Nutr. **112:** 70-76.

- Semagn K., Bjørnstad A. and Ndjiondjop M. 2006. An overview of molecular marker methods for plantas. African Journal of Biotechnology. **5(25):** 2540- 2568.

- Sevilla R. y Holle M. Recursos genéticos vegetales. Perú: Luís León Asociados S.R.L; 2004. Pp. 271, 283-322.

- Sica M., Gamba G., Montieri S., Gaudio L. y Aceto S. 2005. ISSR markers show differentiation among Italian populations of *Asparagus acutifolius* L. BMC Genetics **6:**17.

- Sneath P.H. y Sokal R.R. 1973. Numerical taxonomy. W.H. Freeman and Company, San Francisco.

- Su Y.J. Zan Q.J. Wang T., Ying Z.M. y Ye H.G. 2008. High ISSR variation in 24 surviving individuals of *Apterosperma oblata* (Theaceae) endemic to China. Biochemical Systematics and Ecology **36:** 619-625.

- Sudupak M. 2004. Inter and intra – species Inter Simple Sequence Repeat(ISSR) variations in the genus *Cicer*. Euphytica **135:** 229-238.

- Svetleva D., Pereira G., Carlier J., Cabrita L., Leitao J. y Genchev D. 2006. Molecular characterization of *Phaseolus vulgaris* L. genotypes included in Bulgarian collection by ISSR and AFLP ™ analyses. Scientia Horticulturae **109:** 198-206.

- Tagu D. y Moussard C. Fundamentos de las técnicas de biología molecular. Zaragoza: ACRIBIA S. A; 2003. Pp. 12-13, 146-148.

- Tapia M. 2000. Cultivos andinos subexplotados y su aporte a la alimentación. 2da Edición. FAO, Oficina Regional para América Latina y el caribe. Santiago, Chile.

- United States Department of Agriculture (USDA). [Sitio en internet]. Taxonomic classification of *Lupinus mutabilis* Sweet. Disponible en: http://plants.usda.gov/java/profile?symbol=LUMU8. Acceso el 05 de setiembre del 2010.

- Velasco R. 2005. Marcadores moleculares y la extracción de ADN. Facultad de ciencias agropecuarias **3(1).**

- Venkatachalam L., Sreedhar R. y Bhagyalakshmi. 2008. The use of genetic markers for detecting DNA polymorphism, genotype identification and phylogenetic relationships among banana cultivars. Molecular Phylogenetics and Evolution **47:** 974-985.

- Wang C., Zhang H., Qian Z.Q. y Zhao G.F. 2008. Genetic differentiation in endangered *Gynostemma pentaphyllum* (Thunb.) Makino based on ISSR polymorphism and its implications for conservation. Biochemical Systematics and Ecology **36:** 699-705.

- Weising K., Nybom H., Wolff K. and Kahl G. DNA Fingerprinting in plants, principles, methods and applications. Second edition. USA: Taylor & Francis; 2005. Pp. 21-31, 81-93, 107-123.

- Xu F y Sun M. 2001. Comparative analysis of phylogenetic relationships of grain Amaranths and their wild relatives (*Amaranthus*; Amaranthaceae) using internal transcribed spacer, Amplified Fragment Length Polymorphism and Double-primer Fluorescent Intersimple Sequence Repeat Markers. Molecular Phylogenetics and Evolution **21(3):** 372-387.

- Yang S., Zhao J., Pan J. y Li Z. 2008. Discussion on eliminating the smear of ISSR reaction. Journal of Biotechnology **136S:** S620-S632.
- Yeh F. Yang R y Boyle T (1999). [Sitio en internet]. PopGen 1.0. Disponible en: http://cc.oulu.fi/~jaspi/popgen/popgen.htm. Acceso el 01 de agosto del 2012.
- Ye C., Yu Z., Kong F., Wu S. y Wang B. 2005. R-ISSR as a New Tool for Genomic Fingerprinting, Mapping, and Gene Tagging. Plant Molecular Biology Reporter **23:** 167-177.
- Yorgancilar M., Babaoglu M., Hakki E. y Atalay E. 2009. Determination of the relationship among Old World Lupin (*Lupinus* sp.) species using RAPID and ISSR markers. Journal of Biotechnology. **8 (15)**: 3524-3530.
- Zhu Y., Hu J., Han R., Wang Y. y Zhu S. 2011. Fingerprinting and identification of closely related wheat (*Triticum aestivum* L.) cultivars using ISSR and fluorescence-labeled TP-M13-SSR markers. Australian Journal of Crop Science **5(7):** 846-850.
- Zietkiewicz E., Rafalski A. y Labuda D. 1994. Genome Fingerprinting by Sinple Sequence Repeat (SSR)-Anchored Polymerase Chain Reaction Amplification. Genomics **20:** 176-183.
- Zoga M., Pawelec A., Galek R. y Sawicka-Sienkiewicz. 2008. Morphological, Cytological and Molecular Characteristics of Parents and Interspecific Hybrid (*Lupinus mutabilis* LM-13 X *Lupinus albus sensu lato*), in: Palta, J.A. & Burger, J.B. (Eds) Lupins for Health & Wealth, Proceedings 12th International Lupin Conference, F remantle, Australia, International Lupin Association, Canterbury, New Zealand.

X. ANEXOS

ANEXO 1: Soluciones y tampones utilizados durante la extracción de ADN, electroforesis y el proceso de fijación, tinción y revelado.

1. Tampones usados en la extracción y resuspensión del ADN de *Lupinus mutabilis*:

Tampón de extracción (Buffer CTAB)

Componentes	Concentración Stock	Para 100 ml	Concentración final
CTAB (Hexadecil Trimetiamonium bromide)	-	2 g	2 %
EDTA pH 8	0.5 M	4 ml	20 mM
Tris HCl pH 8	1 M	10 ml	100 mM
NaCl	5 M	28 ml	1.4 M
Agua miliQ		Enrasar a 100 ml	

Antes de utilizar, agregar 1% de β mercaptoetanol

Tampón Tris - EDTA (TE) pH 8

Componentes	Concentración Stock	Para 1 litro	Concentración final
Tris pH 8	1 M	10 ml	10 mM
EDTA pH 8	0.25 M	4 ml	1 mM
Agua miliQ		Enrasar a 1 litro	

Para llevar a pH 8 utilizar NaOH

2. Soluciones y tampones usados para medir la pureza, concentración y calidad del ADN

Preparación de la RNAsa

Componentes	Concentración Stock	Para 5 ml	Concentración final
Tris pH 7.5	1 M	50 µl	10 mM
NaCl	1 M	75 µl	15 mM
RNAsa	-	50 mg	10 mg/ml
Agua miliQ		Enrasar a 5 ml	

Todos los componentes líquidos deben ser previamente autoclavados

Tampón de Carga

Componentes	Concentración Stock	Para 10 ml	Concentración final
Formamida		9.4 ml	
Mezcla de colorantes		100 µl	
EDTA	0.5 M	200 µl	10 mM
Agua miliQ		Enrasar a 10 ml	

La mezcla de colorantes contiene 50 mg de xilencianol y 50 mg de azúl de bromofenol disueltos en 1 ml de agua miliQ. El mismo tampón de carga fue utilizado en corrida de geles deacrilamida.

Buffer de corrida TBE 10x (Tris/Borate/EDTA)

Componentes	Para 1 litro	Concentración final
Tris	108 g	1 M
Na$_2$EDTA	9.2 g	22 mM
Ácido bórico	55g	1 M
Agua miliQ	1 litro	

3. Soluciones utilizadas para la elaboración de geles de acrilamida

Acrilamida: Bis- acrilamida (19: 1) al 6%

Componentes	Concentración Stock	Para 1 litro	Concentración final
Urea	-	420 g	7 M
Acribis	30 %	200 ml	6 %
TBE	5x	200 ml	1x
Agua miliQ		Enrasar a 1 litro	

Adherente

Componentes	Concentración Stock	Volumen utilizado	Concentración final
Silano		3 µl	
Ácido acético glacial	17 M	3 µl	51 mM
Etanol	96 %	1 ml	95.4 %

Preparar la solución en campana extractora de gases

4. Soluciones de fijación, tinción y revelado

Solución de fijación

Componentes	Concentración Stock	Para 1 litro	Concentración final
Etanol absoluto	100 %	100 ml	10 %
Ácido acético glacial	17 M	8 ml	0.1 M
Agua miliQ		Enrasar a 1 litrc	

Solución de tinción

Componentes	Concentración Stock	Para 500 ml	Concentración final
Nitrato de plata	-	1 g	12 mM
Solución de fijación	-	500 ml	-

Para reutilizar la solución agregar 0.3 g de nitrato de plata

Solución de revelado

Componentes	Concentración Stock	Para 1 litro	Concentración final
NaOH	-	30 g	1M
Agua miliQ		1 litro	

Agregar antes de usar 2.4 ml de formaldehído por cada 900 ml de solución, si se reutiliza la solución agregar 1.5 ml de formaldehido.

ANEXO 2: Número y porcentaje de bandas polimórficas por accesión e iniciador

Accesión	Iniciador		811 3000≤x≥900pb	834 3000≤x≥400pb	835 3000≤x≥400pb	841 3000≤x≥600pb	842 3000≤x≥300pb	884 3000≤x≥300pb	889 3000≤x≥900pb	890 3000≤x≥400pb	891 3000≤x≥400pb	Bor5 3000≤x≥500pb	x
Ta08	Nº bandas		18	29	28	36	31	24	17	25	23	16	24.7
	Polimórficas	Nº	11	18	13	16	9	13	6	1	7	6	10
		%	61.11	62.07	46.43	44.44	29.03	54.17	35.29	4.00	30.43	37.50	40.49
	PIC		0.34	0.41	0.40	0.39	0.33	0.37	0.47	0.36	0.27	0.36	-
Ta14	Nº bandas		18	29	28	36	31	24	17	25	23	16	24.7
	Polimórficas	Nº	9	18	12	21	9	11	2	7	4	5	9.8
		%	50.00	67.07	42.86	58.33	29.03	45.83	11.76	28.00	17.39	31.25	39.68
	PIC		0.35	0.40	0.40	0.35	0.29	0.28	0.14	0.25	0.43	0.41	-
Ta15	Nº bandas		18	29	28	36	31	24	17	25	23	16	24.7
	Polimórficas	Nº	9	23	14	18	7	11	4	6	7	7	10.6
		%	50.00	79.31	50.00	50.00	22.58	45.83	23.53	24.00	30.43	43.75	42.91
	PIC		0.37	0.39	0.33	0.38	0.40	0.36	0.46	0.34	0.35	0.36	-
Ta17	Nº bandas		18	29	28	36	31	24	17	25	23	16	24.7
	Polimórficas	Nº	9	18	10	26	8	13	6	1	9	8	10.8
		%	50.00	62.07	35.71	72.22	25.81	54.17	35.29	4.00	39.13	50.00	43.72
	PIC		0.36	0.42	0.33	0.35	0.31	0.27	0.30	0.14	0.27	0.32	-
Ta22	Nº bandas		18	29	28	36	31	24	17	25	23	16	24.7
	Polimórficas	Nº	11	22	15	26	9	14	6	1	12	6	12.2
		%	61.11	75.86	53.57	72.22	29.03	58.33	35.29	4.00	52.17	37.50	49.39
	PIC		0.27	0.35	0.36	0.32	0.26	0.35	0.40	0.14	0.26	0.39	-
Ta26	Nº bandas		18	29	28	36	31	24	17	25	23	16	24.7
	Polimórficas	Nº	6	23	16	21	7	13	6	0	7	9	10.8
		%	33.33	79.31	57.14	58.33	22.58	54.17	35.29	0.00	30.43	56.25	43.72
	PIC		0.26	0.40	0.29	0.36	0.32	0.37	0.27	0	0.30	0.37	-
Ta33	Nº bandas		18	29	28	36	31	24	17	25	23	16	24.7
	Polimórficas	Nº	10	21	15	26	11	13	6	8	13	10	13.3
		%	55.56	72.41	53.57	72.22	35.48	54.17	35.29	32.00	56.52	62.50	53.85
	PIC		0.32	0.38	0.38	0.35	0.29	0.37	0.36	0.31	0.35	0.29	-
Total PIC			0.32	0.39	0.36	0.36	0.31	0.34	0.34	0.22	0.32	0.36	-

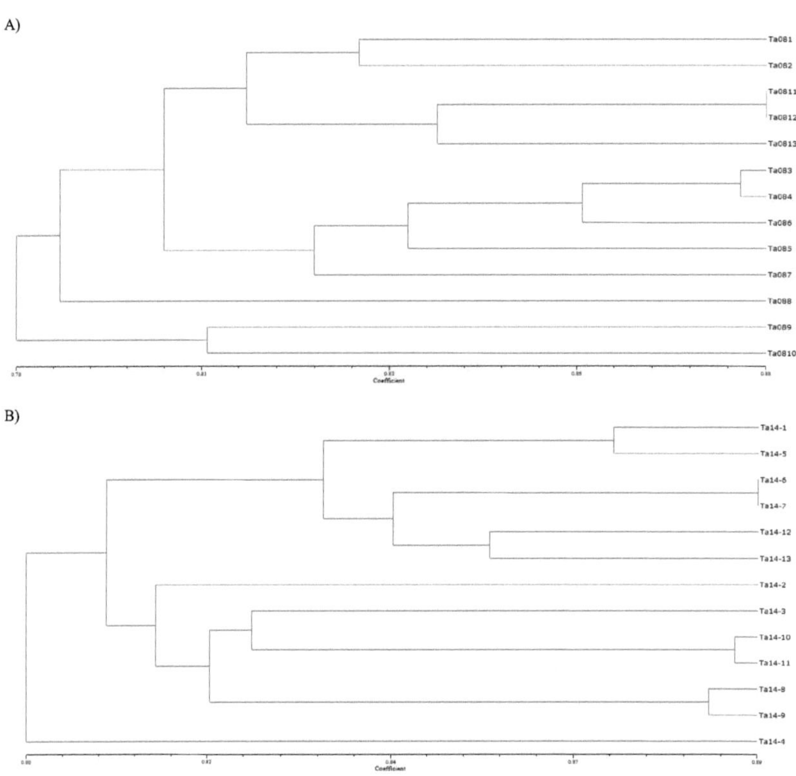

C)

C)
Ta15-1
Ta15-2
Ta15-8
Ta15-3
Ta15-4
Ta15-5
Ta15-6
Ta15-9
Ta15-7
Ta15-10
Ta15-11
Ta15-12
Ta15-13
Coefficient
D)
Ta17-1
Ta17-11
Ta17-2
Ta17-6
Ta17-4
Ta17-5
Ta17-10
Ta17-7
Ta17-8
Ta17-13
Ta17-9
Ta17-12
Ta17-3
Coefficient
E)
Ta22-1
Ta22-2
Ta22-4
Ta22-5
Ta22-7
Ta22-9
Ta22-10
Ta22-8
Ta22-6
Ta22-11
Ta22-12
Ta22-13
Ta22-3
Coefficient

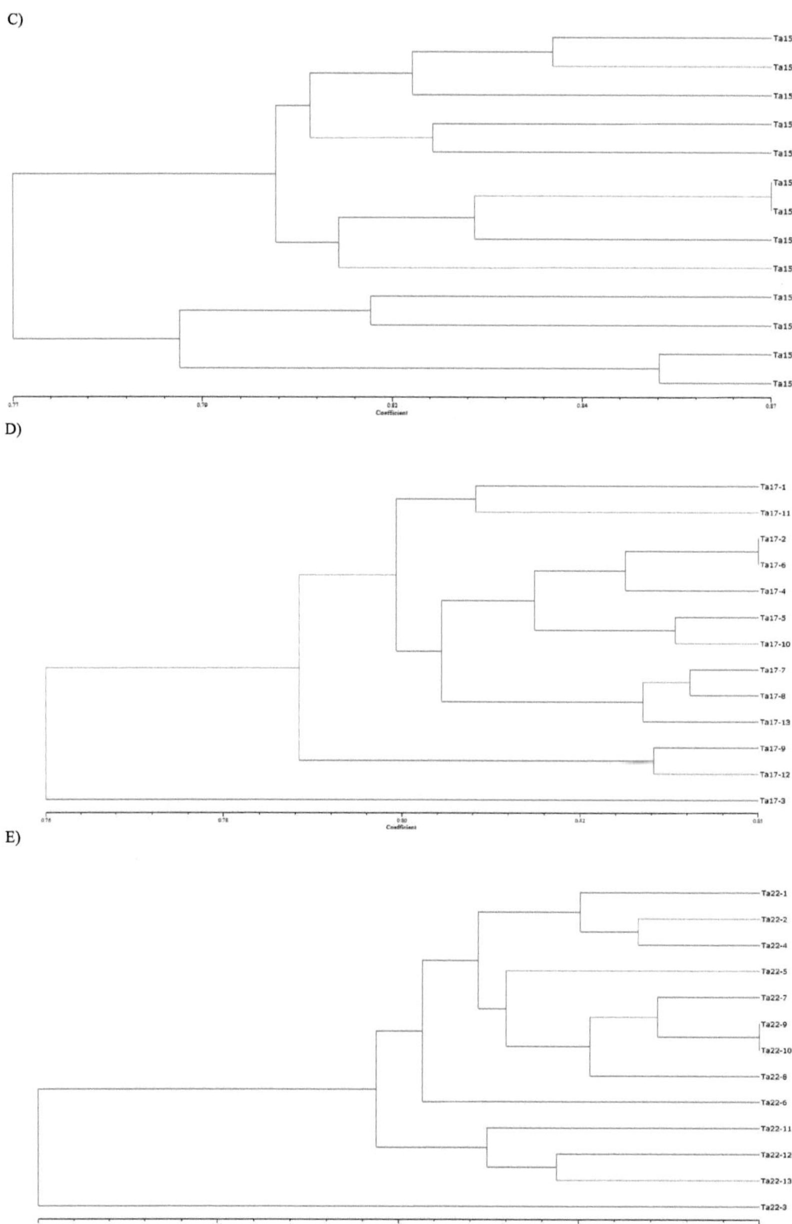

D)

E)

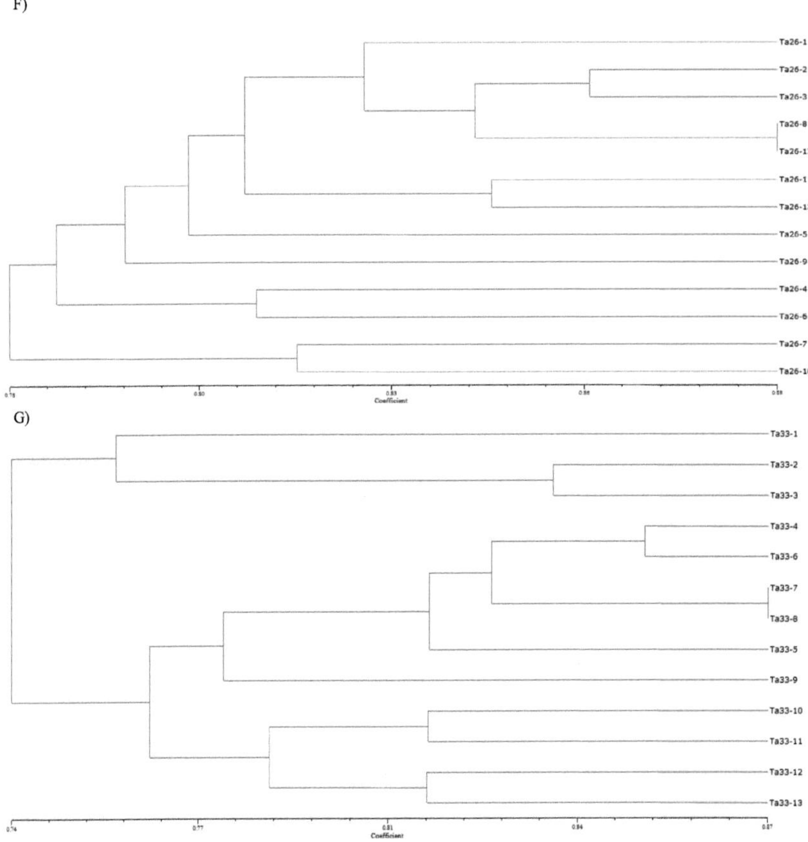

F)
Ta26-1
Ta26-2
Ta26-3
Ta26-8
Ta26-12
Ta26-11
Ta26-13
Ta26-5
Ta26-9
Ta26-4
Ta26-6
Ta26-7
Ta26-10
0.78
0.80
0.83
0.86
0.88
Coefficient
G)
Ta33-1
Ta33-2
Ta33-3
Ta33-4
Ta33-6
Ta33-7
Ta33-8
Ta33-5
Ta33-9
Ta33-10
Ta33-11
Ta33-12
Ta33-13
0.74
0.77
0.81
0.94
0.97
Coefficient

MIX
Papier aus verantwortungsvollen Quellen
Paper from responsible sources
FSC® C105338
FSC
www.fsc.org